"十三五"职业教育国家规划教材

土木工程力学学习指导

（第二版）

主　编　金舜卿

副主编　王利艳　申　昊
　　　　贺　萍　李蔚英

主　审　吴承霞

南京大学出版社

内容提要

全书分为两大部分,第一部分包括 7 章,第 1 章物体的受力分析、第 2 章平面力系的计算、第 3 章杆件内部效应研究之基础、第 4 章轴向拉压杆、第 5 章压杆的稳定性、第 6 章平面弯曲梁、第 7 章平面杆件结构简介,每一章中均包括学习的基本要求、知识要点概述、重点及难点分析、典型例题解析、自我检测练习题、练习题答案等内容,其中自我检测练习题又分为客观题(包括判断题、填空题和选择题等)和主观题(包括简答题、绘图题和计算题等);第二部分是模拟试卷,包括试题和试题答案。

本书对《土木工程力学》的基本知识和重点内容进行了详尽而深入的阐述和讨论,能更好地辅助读者复习。

《土木工程力学学习指导》可作为工科职业院校开设有《工程力学》或《建筑力学》课程的相关专业的全日制在校生作为力学教学辅导用书,也可作为相关工程行业从业人员的学习参考书。

图书在版编目(CIP)数据

土木工程力学学习指导 / 金舜卿主编. — 2 版. —
南京 : 南京大学出版社,2021.6
ISBN 978 - 7 - 305 - 24478 - 0

Ⅰ. ①土… Ⅱ. ①金… Ⅲ. ①土木工程－工程力学－
高等职业教育－教学参考资料 Ⅳ. ①TU311

中国版本图书馆 CIP 数据核字(2021)第 090676 号

出版发行　南京大学出版社
社　　址　南京市汉口路 22 号　　　　邮　编　210093
出版人　金鑫荣
书　　名　土木工程力学学习指导
主　编　金舜卿
责任编辑　朱彦霖　　　　　　　编辑热线　025 - 83597482
照　　排　南京南琳图文制作有限公司
印　　刷　南京人民印刷厂有限责任公司
开　　本　787×1092　1/16　印张 6.5　字数 167 千
版　　次　2021 年 6 月第 2 版　2021 年 6 月第 1 次印刷
ISBN 978 - 7 - 305 - 24478 - 0
定　　价　22.00 元

网址:http://www.njupco.com
官方微博:http://weibo.com/njupco
官方微信号:njutumu
销售咨询热线:(025) 83594756

第二版前言

本书是"十三五"职业教育国家规划教材。

《土木工程力学》是土建类各专业的一门重要的专业技术基础课程,对培养和提高学生的科学素质起着其他课程不能替代的作用。掌握《土木工程力学》的基本概念、基本原理和分析计算方法对学习后续专业课程、毕业后的继续深造以及解决工程实际问题都是十分重要的。因此,每个学生都应该学习好《土木工程力学》。

对于刚刚进入高职院校接受职业教育的一年级学生来说,由于他们本身对过去学习的文化基础知识掌握得不是很扎实,加之一年级的学习任务繁重等因素,学生在学习《土木工程力学》时往往会遇到许多困难和问题。为了帮助学生学好《土木工程力学》,深入理解《土木工程力学》的基本概念、基本原理、基本方法,开阔学习思路,掌握课程内容之间的内在联系,提高学生发现问题、分析问题和解决问题的能力,我们组织编写了《土木工程力学学习指导》一书。

本次再版在第一版的基础上进行了修订,保持了第一版的特色,强化典型例题以辅助教学,在编写过程中精选典型例题,并对典型例题进行必要的分析,方便读者掌握本例题与相关知识点之间的关联,加深读者对相关知识点的理解和应用。

本书由河南建筑职业技术学院金舜卿担任主编。全书分为两大部分,第一部分包括7章,其中第1章由河南建筑职业技术学院贺萍、金舜卿共同编写,第2、3、5章由河南建筑职业技术学院金舜卿编写,第4章由河南建筑职业技术学院王利艳编写,第6章由郑州大学李蔚英、河南建筑职业技术学院金舜卿共同编写,第7章由湖南交通职业技术学院申昊写,每一章中均包括学习的基本要求、知识要点概述、重点及难点分析、典型例题解析、自我检测练习题等内容,其中自我检测练习题又分为客观题(包括判断题、填空题和选择题等)和主观题(分析题、简答题、绘图题和计算题等);第二部分是模拟试卷,包括试题和答案,由河南建筑职业技术学院金舜卿、王利艳共同编写。本书由河南建筑职业技术学院吴承霞副院长担任主审,全书由河南建筑职业技术学院金舜卿统稿并定稿。

本书既可作为高职院校土建类相关专业的力学课程的配套教材,也可作为成人教育相关专业的力学课程的配套教材,还可以供相关行业的工程技术人员参考使用。

本书在编写过程中参阅了大量的教材及其他文献等资料,编者在此对这些资料的作者表示衷心的感谢!

由于编者水平有限,书中不足之处在所难免,欢迎广大读者批评指正,以便再版时修订、完善,作者邮箱:765033268@qq.com。

本套配有多媒体课件、电子教案和习题答案等教学参考资料,选用本教材的老师可通过拨打出版社编辑热线电话 025－83597482 或微信公众号留言、发电子邮件到 215931637@qq.com 等方式联系有关赠阅事宜。

金舜卿

2021 年 1 月

|目　录|

第二部分　模拟试卷

扫码查看

参考答案

第一部分
基本知识解析及其综合训练

第1章
物体的受力分析

▷▷ 学习的基本要求

1. 理解力的概念;
2. 理解静力学公理及推论,能够运用其对生活中的实际问题进行简单的力学分析;
3. 掌握力在坐标轴上的投影计算;
4. 掌握力矩的计算;
5. 了解力偶的概念及其性质;
6. 熟悉几种常见约束的性质,能够正确识别约束的类型并画出其约束反力;
7. 掌握物体的受力分析及其受力图的绘制方法;
8. 了解物体系统的受力分析。

▷▷ 知识要点概述

1. 力学基本概念

(1) 力:物体与物体之间相互的机械作用称为力。
(2) 刚体:在任何外力作用下,其大小和形状始终保持不变的物体称为刚体。
(3) 平衡:物体相对于地球处于静止或匀速直线运动的状态称为平衡。
(4) 力系:同时作用在同一个研究对象上的一群力称为力系。
(5) 力矩:我们用力的大小与力臂的乘积 $F \cdot d$,再加上适当的正负号来度量力 F 使物体绕 O 点的转动效应,并称之为力 F 对 O 点之矩,简称力矩。
(6) 力偶:大小相等、方向相反、作用线互相平行但不重合的两个力组成的力系称为力偶。
(7) 力偶矩:力偶中的力与其力偶臂的乘积再加上适当的正负号称为力偶矩。
(8) 约束:限制物体运动或运动趋势的其他周围物体称为该物体的约束。
(9) 约束反力:约束对被约束物体的作用称为约束力,通常称为约束反力,简称反力。
(10) 受力图:反映物体受力情况的图形称为受力图。

2. 力学基本原理

(1) 静力学公理
静力学公理是人们在长期的生活和生产实践中,经过反复观察和实践检验总结的客观规律,是研究力系简化及平衡问题的最基本的力学规律,是关于力的基本性质的概括和总结,它是构建静力学理论平台的基本依据。

① 作用与反作用公理:两个物体之间的作用力与反作用力,总是大小相等,方向相反,沿同一直线,并分别作用在这两个物体上。作用与反作用公理概括了物体间相互作用的关系、说明了力在两个物体之间的传递规律;这个公理表明力总是成对出现的,有作用力就有反作用力,已知作用力就可知反作用力;这个公理是我们分析物体和物体系统受力情况时必须遵循的基本原则。

② 二力平衡公理:作用于同一刚体上的两个力,使刚体保持平衡的必要和充分条件是:这两个力大小相等、方向相反且作用于同一直线上,即二力等值、反向、共线。二力平衡公理总结了作用于刚体上的最简单的力系平衡时所必须满足的条件,它是我们推证其他力系平衡条件的理论基础。对于刚体这个条件是既必要又充分的;但对于变形体,这个条件仅为必要条件。

③ 加减平衡力系公理:在作用于刚体上的已知力系中,加上或去掉任意一个平衡力系,并不会改变原力系对刚体的作用效应。加减平衡力系公理给出了力系等效的一种基本形式,加减平衡力系公理及其推论是研究力系等效替换的重要依据;加减平衡力系公理表明如果两个力系只相差一个或几个平衡力系,那么它们对刚体的作用效应是相同的,可以互相替换。

④ 力的平行四边形公理:作用在物体上同一点的两个力,可以合成为一个合力,合力的作用点也在该点,合力的大小和方向可以用以这两个分力为邻边所构成的平行四边形的对角线表示。力的平行四边形公理表达了最简单的合力与分力关系、总结了最简单力系简化的规律,是力系合成与分解的理论基础,它是复杂力系简化与合成的基础。

(2) 合力投影定理:合力在任一坐标轴上的投影等于各分力在同一轴上投影的代数和。

(3) 合力矩定理:在平面问题中力对点之矩是代数量,平面力系的合力对平面内任一点的力矩,等于力系中所有各分力对同一点力矩的代数和。

3. 力学基本运算

(1) 力在 x 轴和 y 轴上的投影:

$$\begin{cases} X = \pm F\cos\alpha \\ Y = \pm F\sin\alpha \end{cases}$$

式中:α 为力 F 与 x 轴所夹的锐角。

(2) 力对点之矩:

$$M_o(F) = \pm F \cdot d$$

(3) 力偶矩:

$$m = \pm F \cdot d$$

4. 力偶的性质

性质1:力偶在任意坐标轴上的投影恒等于零。

性质2:力偶没有合力,既不能与一个力等效,也不能用一个力来平衡,力偶只能用力偶平衡。

性质 3：力偶对其作用面内的任一点之矩恒等于力偶矩，与矩心位置无关。

性质 4：在同一平面内的两个力偶，如果它们的力偶矩大小相等、转向相同，则称这两个力偶是等效的。此结论称为力偶的等效性。

根据力偶的等效性，可得到下面两个推论：

推论 1：力偶可在其作用面内任意移动和转动，而不改变它对物体的转动效应。

推论 2：只要保持力偶矩的大小不变、转向不变，可以相应地改变组成力偶的力的大小和力偶臂的长短，而不改变它对物体的转动效应。

5. 结构的计算简图

（1）简化的原则：

① 从实际出发，反映结构的实质；② 分清主次，便于进行力学计算。

（2）简化的主要内容：

① 结构体系的简化；② 结点的简化；③ 支座的简化；④ 荷载的简化。

6. 受力分析画受力图

（1）解题步骤：

① 选取研究对象，并单独画出研究对象的轮廓图——取脱离体。

② 先画出研究对象所受的全部主动力。

③ 再画出研究对象所受的全部约束反力。

（2）画单个物体受力图时的注意事项：

① 不要漏画力：必须清楚所选取的研究对象（受力物体）与周围哪些物体（施力物体）有接触，在接触点处均可能有约束反力。

② 不要多画力：在画受力图时，一定要分清施力物体与受力物体，切不可将研究对象施加给其他物体的力画在该研究对象的受力图上。

③ 不要画错力的方向：已知力必须按题上的已知情况去画——照抄，切不可随意改动；约束反力的方向必须严格按照约束的性质确定，不能凭主观感觉猜测。

（3）画物体系受力图时的注意事项：

① 画物体系的受力图，与画单个物体受力图的步骤相同。

② 若物体系统中有二力杆时，则应首先画出二力杆的受力图。

③ 物体系统内物体间的作用力和反作用力必须遵循作用与反作用公理，也就是说在两物体相互连接处，注意两物体之间作用力与反作用力的等值、反向、共线关系；在以几个物体构成的物体系统为研究对象时，各物体之间的约束反力为系统内部的相互作用力，不要画出来。

④ 同一个约束反力，在不同的受力图上必须保持一致。

7. 八种常见的平面约束类型的约束反力

（1）柔体约束的约束反力是一个作用在连接点、沿着柔体的中心线、背离受力物体的拉力。

（2）光滑接触面约束的约束反力是一个作用在接触点或接触面中心、沿着接触面的公法线方位、指向被约束物体的压力。

（3）光滑圆柱铰链约束的约束反力是一个作用在垂直于销钉轴线的平面内、通过销钉中心、大小和方向均未知的力，通常是用一对正交分解的两个分力来表示、指向假设。

（4）链杆约束的约束反力是一个通过铰心、沿着两个铰心连线方位、大小和指向均未知的力。

（5）固定铰支座的约束反力的表示方法与光滑圆柱铰链约束的约束反力的表示方法完全相同，通常是用两个互相垂直的分力来表示。

（6）可动铰支座的约束反力是一个通过铰心、垂直于支承面、大小和指向均未知的力。

（7）固定端支座又称固定支座，其约束反力是一个通过接触点的大小及方向均未知的力和一个转向未知的力偶，通常是用两个互相垂直的分力和一个转向未知的力偶三个分量来表示。

（8）链杆支座的约束反力与链杆约束的约束反力表示方法完全相同，是一个通过铰心、沿着两个铰心的连线方位、大小和指向均未知的力。

●●▶ 重点及难点分析

1. 这一部分的重点是理解静力学公理、掌握投影及力矩的计算、掌握常见约束的约束反力画法、特别是三大支座反力的表示方法，能够正确进行受力分析并绘制受力图。

2. 这一部分的难点有：合力矩定理的应用、物体系统的受力分析。

●●▶ 典型例题解析

【例 1-1】 已知 $F_1=F_2=F_3=F_4=10$ kN，各力方向如图 1-1 所示，请分别计算出各力在 x 轴和 y 轴上的投影。

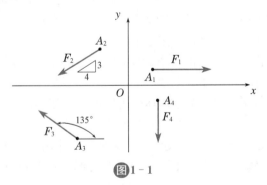

图 1-1

解：

$$X_1=10 \text{ kN}$$

$$Y_1=0$$

$$X_2=-F_2\times\frac{4}{5}=-10\times\frac{4}{5}=-8 \text{ kN}$$

$$Y_2=-F_2\times\frac{3}{5}=-10\times\frac{3}{5}=-6 \text{ kN}$$

$$X_3=-F_3\cos(180°-135°)=-F_3\cos 45°=-10\times 0.707=-7.07 \text{ kN}$$

$$Y_3 = F_3 \sin(180° - 135°) = F_3 \sin 45° = 10 × 0.707 = 7.07 \text{ kN}$$
$$X_4 = 0$$
$$Y_4 = -F_4 = -10 \text{ kN}$$

解题指导

　　在计算集中力在坐标轴上的投影时,首先要看力与坐标轴的位置关系,若力与坐标轴之间属于特殊关系(相互垂直、平行或重合),则直接套用结论;若力与坐标轴之间属于一般关系,则应启动投影的计算程序"一找二算三判断"进行操作。

　　【例 1-2】　已知力 $F_1 = 6$ kN,$F_2 = 8$ kN,$F_3 = 6$ kN,$F_4 = 4$ kN,$F_5 = 5$ kN,如图 1-2(a)所示,请分别计算力 F_1、F_2、F_3、F_4、F_5 对 A 点的力矩。

　　解:分别找出各力的力臂如图 1-2(b)所示。
$$M_A(F_1) = 0$$
$$M_A(F_2) = F_2 \cdot d_2 = 8 × 4 × \sin 30° = 16 \text{ kN} \cdot \text{m}$$
$$M_A(F_3) = F_3 \cdot d_3 = 6 × 2 = 12 \text{ kN} \cdot \text{m}$$
$$M_A(F_4) = -(F_4 \cdot d_4) = -(4 × 4) = -16 \text{ kN} \cdot \text{m}$$
$$M_A(F_5) = 0$$

　　注意:对于力 F_2 对 A 点之矩的计算,我们也可以利用合力矩定理进行计算:$M_A(F_2) = M_A(F_{2x}) + M_A(F_{2y}) = 0 + F_{2y} \cdot d_{2y} = 0 + F_2 \sin 30° \cdot d_{2y} = 0 + 8 × 0.5 × 4 = 16 \text{ kN} \cdot \text{m}$。

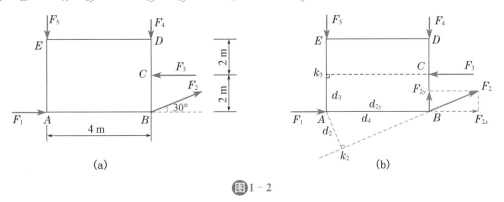

图 1-2

解题指导

　　在计算集中力对点之矩时,首先要看力作用线与矩心的位置关系,若力作用线与矩心之间属于特殊关系(即力作用线通过矩心)时则直接套用结论;若力作用线与矩心之间属于一般关系,则应启动"一找二算三判断"的计算程序进行操作。

　　在使用力矩的定义公式计算力矩时,如果在找力臂过程中发现力臂不易计算,此时应考虑把该力在适当位置正交分解(分力及分力的力臂都容易计算),然后利用合力矩定理来计算力矩。

　　【例 1-3】　一物体在某平面内受到四个力偶作用,如图 1-3 所示,已知 $F_1 = F_1' = 10$ kN,$F_2 = F_2' = 8$ kN,请分别计算出各力偶的力偶矩。

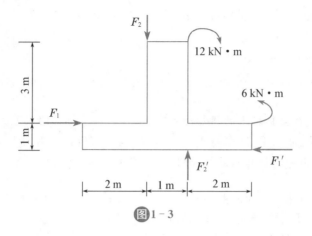

图1-3

解:图1-3所示四个力偶的力偶矩分别是:

$m_1 = -F_1 \cdot d_1 = -10 \times 1 = -10 \text{ kN} \cdot \text{m}$

$m_2 = F_2 \cdot d_2 = 8 \times 1 = 8 \text{ kN} \cdot \text{m}$

$m_3 = 6 \text{ kN} \cdot \text{m}$

$m_4 = -12 \text{ kN} \cdot \text{m}$

解题指导

力偶有两种表示方法,一种是定义式,即用大小相等、方向相反、作用线平行但不重合的两个力组成的力系来表示力偶;另一种是用一个带箭头的平面弧线来表示力偶。这两种表示方法是等效的,可以互相替换。

【例1-4】 简支梁 AB 如图1-4(a)所示,梁的自重不计,请画出梁 AB 的受力图。

解:(1) 取隔离体。选取梁为研究对象,画出梁的轮廓图,如图1-4(b)所示。

(2) 画主动力。梁受到的主动力只有已知力 F,在 C 点画上力 F,如图1-4(b)所示;

(3) 画约束反力。梁的 A 端为固定铰支座,其约束反力方向未知,通常用两个互相垂直的分力来表示;B 端为可动铰支座,其约束反力垂直于支撑面、指向假设。依据上述分析画出梁 AB 的受力图如图1-4(b)所示。

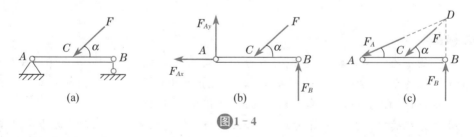

图1-4

解题指导

梁上 A 处是一个固定铰支座,限制 A 点的移动,其约束反力的画法有两种:一种是用一个大小和方向均未知的力来表示;另一种是用两个正交分解的分力来表示。所以,此题还有另一种画法:因为梁 AB 是在三个力的作用下处于平衡状态,所以可以利用前面所学的三力平衡汇交定理画出其受力图;主动力 F 的方向和可动铰支座的约束反力的方位是确定的,两者的作用线延长汇交于点 D,那么固定铰支座的约束反力的作用线一定通过 D 点。这样可画出梁的受力图如图 $1-4(c)$ 所示。

【例 $1-5$】　请分别绘制如图 $1-5(a)$ 所示物体系统中各物体以及系统整体的受力图。物体自重忽略不计。

解:图示系统由杆件 AB 和杆件 BD 两个物体组成,所以本题应该画出三个受力图。

(1) 杆件 AB

以杆件 AB 为研究对象,A 点是一个固定端支座,产生三个支座反力,E 点是一个已知的集中力,B 点是一个光滑圆柱铰链约束,产生两个约束反力,依据上述分析画出其受力图如图 $1-5(b)$ 所示。

(2) 杆件 BD

以杆件 BD 为研究对象,B 点为光滑圆柱铰链约束产生两个约束反力,C 点是可动铰支座,产生一个约束反力,CD 部分受有均布荷载作用,D 点作用有一个力偶,依据上述分析画出其受力图如图 $1-5(c)$ 所示,注意在画 B 处约束反力时必须遵循作用与反作用公理。

(3) 物体系统整体

以物体系统整体为研究对象,A 处的固定端支座产生三个支座反力,E 处有一个已知的集中力,C 处的可动铰支座产生一个支座反力,CD 段受有均布荷载作用,D 处有力偶作用,依据上述分析画出物体系统整体的受力图如图 $1-5(d)$ 所示。

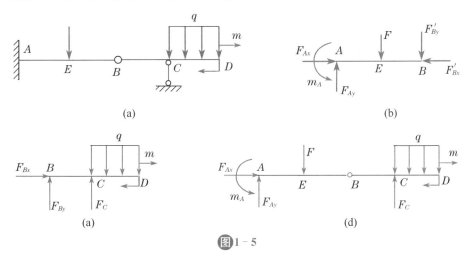

图 $1-5$

解题指导

对物体系统进行受力分析时一般没有先后顺序(物体系统中存在二力杆时例外),先分析哪一个都可以。在画物体系统受力图时必须注意下列五点:

①　画物体系统的受力图,与画单个物体受力图的过程及步骤相同;

②　若物体系统中有二力杆时,则应首先画出二力杆的受力图;

③ 物体系统内物体间的作用力和反作用力,必须遵循作用与反作用公理;在以几个物体构成的物体系统为研究对象时,各物体之间的约束反力为系统内部的相互作用力,不要画出来;

④ 同一个约束反力,在不同的受力图上必须保持一致。

⑤ 当研究对象包含两个或两个以上的物体时,其受力图上只画外力,不画内力。

▶▶ 自我检测练习题

练习题答案

一、判断题

1. 刚体是指在外力作用下变形很小的物体。 （　　）
2. 力矩的大小不只是跟力的大小有关系。 （　　）
3. 力偶既可以使物体移动也可以使物体转动。 （　　）
4. 两个大小相等的力,对同一物体的作用效果相同。 （　　）
5. 力偶在坐标轴上的投影不一定是零。 （　　）
6. 合力一定比分力大。 （　　）
7. 凡两端用铰链连接的直杆均为二力杆。 （　　）
8. 画物体系统的受力图时,物体系统的内力和外力都要画出。 （　　）
9. 一个力偶可以和一个力组成平衡力系。 （　　）
10. 同一个人站在弹簧床上与躺在弹簧床上,这两种情况下弹簧床的变形一样。 （　　）
11. 力就是荷载,荷载就是力。 （　　）
12. 作用于刚体上的力可沿作用线移到该刚体上任意位置,而不改变该力对刚体的作用效果。 （　　）
13. 若两个力在同一坐标轴上的投影相等,则这两个力的大小一定相等。 （　　）
14. 对刚体而言,力的三要素是力的大小、力的方向、力的作用线。 （　　）

二、填空题

1. 力的三要素分别是：_____、_____、_____。
2. 物体相对于地球处于_____或_____的状态称为平衡。
3. 二力平衡公理中的两个力必须满足的条件是：_____、_____、_____。
4. 力偶矩的正负号规定是：当力偶使物体做_____转动时为正,反之为负。
5. 常见的三种支座约束类型分别是：_____、_____、_____。
6. 如果一个物体在两个力系的分别作用下其效应相同,则称这两个力系互为_____。
7. 二力杆上的两个力必定沿着_____,且_____、_____。
8. 力偶的三要素分别是_____、_____、_____。
9. 力偶只对刚体产生_____效应。
10. 当力与坐标轴垂直时,力在该轴上的投影等于_____。

11. 当力与坐标轴平行或重合时,力在该轴上的投影大小等于_____。

12. 力偶在坐标轴上的投影恒为_____;力偶对其作用面内任一点之矩恒等于_____。

13. 根据其受力特点和变形特征,通常把平面杆系结构分为梁、_____、_____、_____和平面组合结构五种类型。

三、选择题

1. 一个力可以分解为两个分力,有(　　)种分解答案。

　　A. 一　　　　　　B. 两　　　　　　C. 多　　　　　　D. 无穷多

2. 光滑接触面约束对被约束物体产生的约束反力个数是(　　)。

　　A. 1 个　　　　　B. 2 个　　　　　C. 3 个　　　　　D. 无法确定

四、绘图题

1. 杆自重忽略不计,请在图 1-6 所示折杆上的两个端点各加一个力,使折杆处于平衡状态。

图 1-6

2. 请画出图 1-7 所示各物体的受力图。图中所有接触面均为光滑接触面,未注明的物体自重均忽略不计。

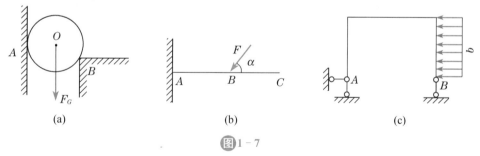

(a)　　　　　　　　　　(b)　　　　　　　　　　(c)

图 1-7

3. 请分别画出图 1-8 所示物体系统中各指定物体的受力图。图中所有接触面均为光滑接触面,未注明的物体自重均忽略不计。

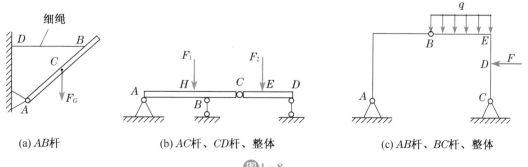

(a) AB杆　　　　　(b) AC杆、CD杆、整体　　　　　(c) AB杆、BC杆、整体

图 1-8

五、计算题

1. 已知 $F_1=10$ kN，$F_2=16$ kN，$F_3=10$ kN，$F_4=5$ kN，$F_5=10$ kN，各力的作用点的位置坐标如图 1－9 所示，请分别计算每个力的两个投影以及每个力对 O 点的力矩。

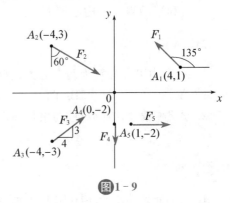

图 1－9

2. 如图 1－10 所示，已知 $F_1=F_1'=10$ kN，$F_2=F_2'=10$ kN，$m_3=30$ kN · m，请分别计算出这几个力偶的力偶矩。

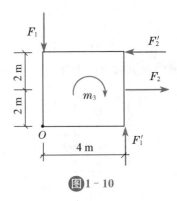

图 1－10

六、简答题

1. 画受力图的一般步骤是什么？

2. 物体系统受力分析画受力图时的注意事项有哪些？

3. 请读者填写表 1-1。

表 1-1　工程中常见的平面约束一览表

约束名称	约束构造	约束功能	约束简图	约束反力画法	未知量数目
柔体约束					
光滑接触面约束					
光滑圆柱铰链约束					
链杆约束					
固定铰支座					
可动铰支座					
固定端支座					
链杆支座					

案例分析

半径为 r、自重为 F_G 的小球,用一根绳子悬挂于天花板上的 A 点,A 点到墙面的垂直距离为 a,如图所示,图(a)中 $a>r$、图(b)中 $a=r$、图(c)中 $a<r$,请画出图中小球的受力图。

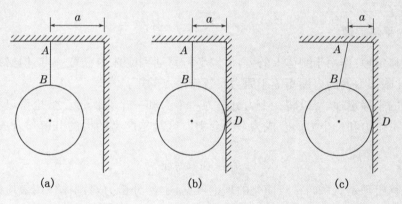

(a)　　　　　　(b)　　　　　　(c)

（注:扫描目录二维码获取全书习题答案。）

|第 2 章|
平面力系的计算

学习的基本要求

1. 了解力系的分类情况及其研究方法;
2. 了解平面力系的简化与合成情况;
3. 深刻理解力的平移定理,并能够正确运用力的平移定理开展平面力系的简化工作;
4. 理解平面力系的平衡条件,牢记平面任意力系的平衡方程;
5. 熟练应用平面力系的平衡条件求解单个物体(特别是三种梁)的平衡问题;
6. 能够应用平面力系的平衡条件解决简单物体系统的平衡问题。

知识要点概述

1. 力的平移定理

力的平移定理:作用于刚体上的力,可以平行移动到刚体内任意一点,但必须同时附加一个力偶,此附加力偶的力偶矩等于原力对新作用点的矩。

根据力的平移定理,可以将一个力分解为一个力和一个力偶;反之,也可以将作用在同一平面内的一个力和一个力偶合成为一个合力。这就是广义的力的分解与合成,其过程可以表示为:

$$力 \Leftrightarrow 力 + 力偶$$

力的平移定理是力系向一点简化的理论依据,也是分析力对刚体作用效应的一个重要手段。

2. 平面力系的简化与合成

(1) 一个平面力偶系可以合成为一个合力偶,其合力偶矩一般用 m_R 表示,其计算公式为:$m_R = m_1 + m_2 + \cdots + m_n = \sum_{i=1}^{n} m_i$。

(2) 一个平面汇交力系可以合成为一个合力,其合力通常用 F_R 表示,合力的三要素如下:

① 合力的大小:$F_R = \sqrt{\left(\sum X\right)^2 + \left(\sum Y\right)^2}$;

② 合力的方向:$\tan \alpha = \left| \dfrac{\sum Y}{\sum X} \right|$,式中:$\alpha$ 为力 F_R 与 x 轴所夹的锐角,F_R 的具体指向

可以根据 $\sum X$ 和 $\sum Y$ 的正负号来确定;

③ 合力的作用点:合力作用线通过此平面汇交力系的汇交点。

（3）平面任意力系

平面任意力系向作用面内任一点 O 简化,一般情况下,可得一个力和一个力偶,这个力的大小和方向称为原力系的主矢,用符号 F'_R 表示,作用在简化中心 O;这个力偶的力偶矩称为原力系对简化中心的主矩,用符号 M_O 表示。

➤**注意**:主矢的大小和方向都与简化中心的位置无关,而主矩的大小和转向一般都与简化中心的位置有关,因此,在书写主矩的符号时必须标明简化中心。

平面任意力系向作用面内任一点简化,可能出现的四种情况见表 2-1。

表 2-1 平面任意力系向作用面内任一点简化的四种情况

主矢	主矩	合成结果	说明
$F'_R \neq 0$	$M_O = 0$	合力	此力为原力系的合力,合力作用线过简化中心; 在这种情况下,主矩与简化中心的位置有关
	$M_O \neq 0$	合力	合力作用线离简化中心距离 $d = \lvert M_O \rvert / F'_R$; 在这种情况下,主矩与简化中心的位置有关
$F'_R = 0$	$M_O \neq 0$	力偶	此力偶为原力系的合力偶; 在这种情况下,主矩与简化中心的位置无关
	$M_O = 0$	零	在这种情况下,主矩与简化中心的位置无关

（4）平面平行力系是平面任意力系的特例,其简化与合成的过程及结果与平面任意力系相同。

3. 平面力系的平衡条件及其平衡方程

（1）平面力偶系的平衡条件是其合力偶矩等于零,即平面力偶系中所有各力偶矩的代数和等于零,用式子表示为:$\sum m = 0$。

（2）平面汇交力系平衡的充分必要的解析条件是力系中所有各力在两个直角坐标轴上投影的代数和分别都等于零,即

$$\begin{cases} \sum X = 0 \\ \sum Y = 0 \end{cases}$$

（3）平面任意力系平衡的充分必要的解析条件为:力系中所有各力在平面直角坐标系两个坐标轴上的投影的代数和分别都等于零,同时力系中所有各力对力系作用面内任一点的力矩的代数和也等于零。

平面任意力系的平衡方程有三种形式,它们分别是:

① 基本形式(一矩式):

$$\begin{cases} \sum X = 0 \\ \sum Y = 0 \\ \sum M_O(F) = 0 \end{cases}$$

② 二矩式：

$$\begin{cases} \sum X = 0 \\ \sum M_A(F) = 0 \ (A、B \ 两点的连线不能与 \ x \ 轴垂直) \\ \sum M_B(F) = 0 \end{cases}$$

③ 三矩式：

$$\begin{cases} \sum M_A(F) = 0 \\ \sum M_B(F) = 0 \ (A、B、C \ 三点不能共线) \\ \sum M_C(F) = 0 \end{cases}$$

(4) 平面平行力系平衡的充分必要的解析条件为：力系中所有各力在与力平行的坐标轴上投影的代数和等于零，力系中所有各力对平面内任一点的力矩的代数和也等于零。

平面平行力系的平衡方程有两种形式，它们是：

$$\begin{cases} \sum Y = 0 \\ \sum M_O(F) = 0 \end{cases} \ (y \ 轴与力作用线平行)$$

$$\begin{cases} \sum M_A(F) = 0 \\ \sum M_B(F) = 0 \end{cases} \ (A、B \ 两矩心的连线不能与力作用线平行)$$

4. 物体系统的平衡

当物体系统平衡时，物体系统中每个物体都处于平衡状态。

由 n 个物体组成的物体系统，最多可列出 $3n$ 个独立的平衡方程，最多可以求解 $3n$ 个未知量。如果系统中的部分物体受的是平面汇交力系、平面力偶系或平面平行力系作用，则独立的平衡方程的个数将相应减少，而所能求得未知量的个数也相应减少。

5. 平面任意力系平衡问题的解题步骤及注意事项

(1) 选取研究对象。

(2) 受力分析画受力图。

正确的受力分析是解决力学问题的关键，对所选取的研究对象进行受力分析，在研究对象上画出它受到的所有主动力和约束反力。

➤**注意**：在使用解析法求解平面力系的平衡问题时，当约束反力的指向未定时，应该先行假设；不要遗漏作用在研究对象上的主动力。

(3) 列平衡方程，求解未知量。

选取哪种形式（投影形式或力矩形式）的平衡方程，完全取决于计算的方便与否，通常尽量使一个方程只包含一个未知量，这样可避免求解联立方程，从而简化计算。

解题时要根据未知力的具体情况，选取合适的平衡方程形式（投影形式方程或力矩形式的方程），在选用投影形式的平衡方程时，应该选取与较多的未知力的作用线垂直的坐标轴为投影轴；在选用力矩形式的平衡方程时，应该选取多个未知力的汇交点为矩心。

（4）校核。

在求解出所有未知量后，可利用没有用过的平衡方程对计算结果进行校核。

重点及难点分析

1. 这一部分的重点是掌握平面力系的平衡条件，正确利用平面力系的平衡方程计算物体的约束反力，特别是利用平面任意力系的平衡条件求解三种单跨静定梁的支座反力。

2. 这一部分的难点是如何列出独立的一元一次方程来简化计算工作量，以及如何利用平面力系的平衡条件求解物体系统的平衡问题。

典型例题解析

利用平衡条件计算约束反力是土木工程力学的重点内容之一，掌握了它就等于是打开了学习土木工程力学的大门，其难点是能否灵活运用各种平衡方程求解需要的未知量。

【例 2-1】　如图 2-1(a)所示，简支梁 AB 上受 $M_e=10\ \text{kN}\cdot\text{m}$ 的力偶作用，不计梁自重。请计算出支座 A、B 处的约束反力。

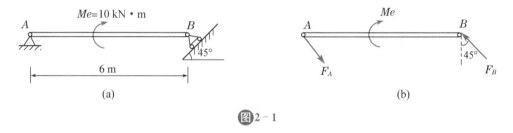

图 2-1

解：（1）取梁 AB 为研究对象，画出其受力图如图 2-1(b)所示。

（2）列平衡方程，求未知量。

$$\sum m = 0, F_B \times 6 \times \cos 45° - M_e = 0$$

解得：

$$F_B = 2.36\ \text{kN}$$

根据力偶的定义可知：$F_A = 2.36\ \text{kN}$

解题指导

在求解力系的平衡问题时，首先应该先分析研究对象的受力特点，正确判断研究对象所受的力系类型。

本题中研究对象梁 AB 所受的主动力只有一个力偶，梁 AB 处于平衡状态，根据力偶的性质可知，力偶只能用力偶平衡，故在支座 A、B 处的反力必定组成一个力偶才能使梁 AB 处于平衡，据此画出梁 AB 的受力图如图 2-1(b)所示。研究对象（梁 AB）所受的力系是平面力偶系。

平面力偶系只能列出一个独立的平衡方程,利用平面力偶系的平衡条件只能求解出一个未知量。而物体所受的力中有三个未知量:A 处 2 个、B 处 1 个。因此,本题的难点是通过受力分析来"消灭掉"两个未知量,即通过受力分析把物体所受的三个未知量变成一个未知量。如何解决这一难点呢?我们只能正确利用力偶的定义和力偶的性质才能破解这一难题。

【例 2 - 2】 各杆自重忽略不计,求图 2 - 2(a)所示三角支架中杆 AC、BC 所受的力。

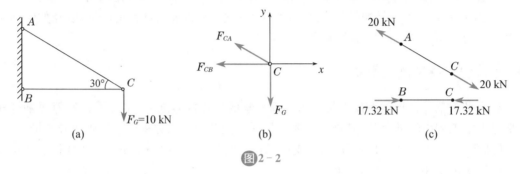

图 2 - 2

解:(1) 选取铰 C 为研究对象。

(2) AC 杆、BC 杆均为二力杆,画出铰 C 的受力图如图 2 - 2(b)所示。

(3) 建立平面直角坐标系如图 2 - 2(b)所示。

(4)列出平面汇交力系的平衡方程计算出未知量:

$$\sum Y = 0, F_{CA} \sin 30° - F_G = 0, F_{CA} = 20 \text{ kN};$$

$$\sum X = 0, -F_{CA} \cos 30° - F_{CB} = 0, F_{CB} = -17.32 \text{ kN};$$

根据计算结果可画出 AC 杆、BC 杆的受力图如图 2 - 2(c)所示。

解题指导

在求解力系的平衡问题时,首先应该先分析研究对象的受力特点。

本题中的三角支架是由两个杆件组成的物体系统,是生活中、工程实际中常用的结构形式之一。由于杆件两端是铰链连接、中间不受力,也就是说这两个杆件都是二力杆,所以,我们只需选取铰 C 为研究对象,分析其受力情况,按照单个物体平衡问题的求解方法就可以把问题解决。

【例 2 - 3】 三角形支架的受力情况如图 2 - 3(a)所示。已知 $F = 20$ kN,$q = 4$ kN/m,求铰 A、B 处的约束反力。

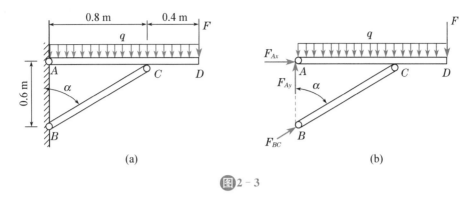

图 2 - 3

解:(1) 取三角形支架整体为研究对象。

(2) 因杆 BC 为二力杆,可画出整体的受力图如图 $2-3$(b)所示。整体受均布荷载 q、集中力 F 以及约束反力 F_{Ax}、F_{Ay} 和 F_{BC},它们组成平面一般力系。通过分析可知,若采用三矩式,则每个力矩方程中只有一个未知量,计算起来简便易行。

(3) 列平衡方程求解未知量:

由 $\sum M_A(F)=0,-1.2F-1.2q\times0.6+F_{BC}\cdot0.6\sin\alpha=0$,解得

$$F_{BC}=(1.2F+0.72q)/(0.6\sin\alpha)=(1.2\times20+0.72\times4)/(0.6\times0.8)=56\ \text{kN}$$

由 $\sum M_B(F)=0,-1.2F-1.2q\times0.6-0.6F_{Ax}=0$ 解得

$$F_{Ax}=(-1.2F-0.72q)/0.6=(-1.2\times20-0.72\times4)/0.6=-44.8\text{kN}(\leftarrow)$$

由 $\sum M_C(F)=0,-F\times0.4+q\times1.2\times0.2-F_{Ay}\times0.8=0$ 解得

$$F_{Ay}=(-0.4F+0.24q)/0.8=(-0.4\times20+0.24\times4)/0.8=-8.8\text{kN}(\downarrow)$$

(4) 校核:$\sum Y=F_{Ay}+F_{BC}\cdot\cos\alpha-q\times1.2-F=-8.8+56\times0.6-4\times1.2-20=0$
说明计算无误。

解题指导

在求解力系的平衡问题时,首先应该先分析研究对象的受力情况,从而正确判断研究对象所受的力系类型。

本题中的三角支架是由两个杆件组成的物体系统,是生活中、工程实际中常用的结构形式之一。由于本题中有一个杆件是两端铰链连接、中间不受力,另一个杆件虽然也是用两个铰链连接、但是它中间受力了,也就是说两个杆件中一个是二力杆、一个不是二力杆。

根据结构的受力特点,求解本题的做法有两种:一种是选取整体为研究对象,另一种是选取杆件 AD 为研究对象,读者不妨一试。

对于一个处于平衡状态的平面任意力系,我们应该根据未知量的情况来决定选取哪一种形式的平衡方程求解比较理想。对于本题中,三个未知力两两相交的情况,选取三力矩形式比较好,即以两个未知力的交点为矩心列出力矩形式的平衡方程,得到的是三个一元一次方程,从而避免了解联立方程组的麻烦。

【例2-4】 如图2-4(a)所示为一个简支梁,已知 $F=30$ kN,$q=12$ kN/m,不计梁自重,请计算出支座 A、B 两处的支座反力。

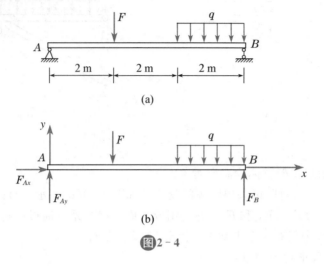

(a)

(b)

图2-4

解:(1) 选取 AB 梁为研究对象。

(2) 画出研究对象的受力图,建立平面直角坐标系,如图2-4(b)所示。

(3) 列平衡方程求解未知量:

$$\sum X = 0, F_{Ax} = 0$$

$$\sum M_A(F) = 0, -F \times 2 - q \times 2 \times 5 + F_B \times 6 = 0, F_B = 30 \text{ kN}(\uparrow)$$

$$\sum Y = 0, F_{Ay} - F - q \times 2 + F_B = 0, F_{Ay} = 24 \text{ kN}(\uparrow)$$

解题指导

利用平面任意力系的平衡条件和平衡方程可以求解平面任意力系的平衡问题,对于一个处于平衡状态的平面任意力系,可以列出无数个平衡方程,但独立的平衡方程只有三个,不论采用三种形式中的哪一种形式,都可以求解。

其实,对于简支梁的平衡问题利用二力矩形式求解比较好,读者可以试一试。

【例2-5】 如图2-5(a)所示为一个悬臂梁。已知 $F=20$ kN,$m=10$ kN·m,梁自重忽略不计,请计算固定端支座 A 处的约束反力。

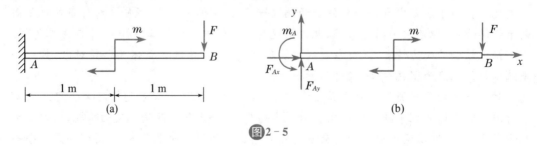

(a)　　　　　　　　　　　　(b)

图2-5

解:(1) 选取 AB 梁为研究对象。

(2) 画出研究对象的受力图,建立平面直角坐标系,如图 2-5(b)所示。

(3) 列平衡方程并求解未知量:

$$\sum X = 0, F_{Ax} = 0$$

$$\sum Y = 0, F_{Ay} - F = 0, F_{Ay} = 20 \text{ kN}(\uparrow)$$

$$\sum M_A(F) = 0, m_A - F \times 2 - m = 0, m_A = 50 \text{ kN} \cdot \text{m}(逆时针)$$

解题指导

利用平面一般力系的平衡条件和平衡方程可以求解平面任意力系的平衡问题。

对于本题悬臂梁的平衡问题利用基本形式求解比较好,其实,本题也可以用二力矩形式求解,读者可以试一试。

【例 2-6】 一水平组合梁如图 2-6(a)所示,已知 $F=40 \text{ kN}, q=20 \text{ kN/m}$,各梁自重均忽略不计。求梁平衡时支座 A、B、D 处的约束反力。

解:该组合梁由梁 AC、梁 CD 两根短梁组合而成,作用在每个梁上的力系都是平面一般力系。由受力分析可知,在 CD 梁上只有三个未知量,而梁 AC 上有五个未知量、整梁 AD 上有四个未知量。因此,应先取 CD 梁为研究对象,计算出 D 支座的约束反力 F_D,再取整个梁 AD 为研究对象即可解出其余未知力。

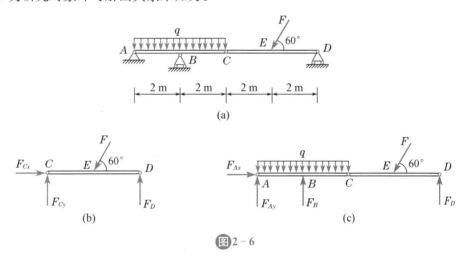

图 2-6

(1) 取 CD 梁为研究对象,画出其受力图如图 2-6(b)所示。

由 $\sum M_C = 0, F_D \times 4 - F \cdot \sin 60° \times 2 = 0$ 解得:$F_D = 17.32 \text{ kN}(\uparrow)$

(2) 取整个梁 AD 为研究对象,画出其受力图如图 2-6(c)所示。

由 $\sum X = 0, F_{Ax} - F \times \cos 60° = 0$ 解得:$F_{Ax} = 20 \text{ kN}(\rightarrow)$

由 $\sum M_B = 0, F_D \times 6 - F \times \sin 60° \times 4 - F_{Ay} \times 2 = 0$ 解得:$F_{Ay} = -17.32 \text{ kN}(\downarrow)$

由 $\sum Y = 0, F_{Ay} + F_B + F_D - F \times \sin 60° - q \times 4 = 0$ 解得:$F_B = 114.64 \text{ kN}(\uparrow)$

解题指导

在求解物体系统的平衡问题时,首先应该先分析研究对象的受力情况,从而正确选择突破口。

当物体系统平衡时,组成系统的每个物体也都处于平衡状态。本题中的物体系统是由两个杆件组成的物体系统,是生活中、工程实际中常用的结构形式之一。由于本题中只让我们计算支座反力,而且本题中的 CD 梁所受的力中只有三个未知力,故其求解过程比较简单。

工程实际中的大多数问题不仅需要确定外界对物体系统的外部约束反力,而且还需要确定物体系统内部各物体之间相互作用的内力。请读者试试看能不能计算出铰链 C 处的约束反力。

自我检测练习题

一、判断题

练习题答案

1. 若力 F_1 和 F_2 大小相等、方向相反且作用在同一个物体上,则物体一定平衡。

( )

2. 作用于某刚体上的一个力,可沿其作用线移动到刚体上的任一点。 ( )

3. 二力杆就是只有两点受力的杆件。 ( )

4. 一个平面汇交力系最多可以列出 3 个独立的平衡方程。 ( )

5. 一个力可以和一个力系等效。 ( )

6. 若一个物体系统处于平衡状态,则系统中的每个物体也都处于平衡状态。 ( )

二、填空题

1. 平面一般力系独立的平衡方程有_____个,有_____种形式。

2. 平面汇交力系独立的平衡方程有_____个。

3. 平面平行力系独立的平衡方程有_____个。

4. 平面力偶系独立的平衡方程数目有_____个。

5. 平面一般力系平衡方程的基本形式为 $\sum X = 0$,$\sum Y = 0$,$\sum M_O(F) = 0$。其中 $\sum X = 0$ 表示_____;$\sum Y = 0$ 表示_____;$\sum M_O(F) = 0$ 表示_____。

6. 作用于刚体上的力 F,可平移到刚体上任一指定点 O,但必须同时附加一个力偶,附加力偶的力偶矩等于_____。

三、选择题

1. 平面一般力系平衡的必要和充分条件是(　　　)。

 A. $F'_R=0, M_O=0$ B. $F'_R\neq0, M_O=0$

 C. $F'_R=0, M_O\neq0$ D. $F'_R\neq0, M_O\neq0$

2. 平面平行力系的平衡方程写成 $\begin{cases} \sum M_A(F)=0 \\ \sum M_B(F)=0 \end{cases}$ 的前提条件是(　　　)。

 A. 两点 A、B 的连线不与各力作用线垂直

 B. 两点 A、B 的连线不与各力作用线平行

 C. 两点 A、B 两点的连线不与各力作用线相交

 D. 两点 A、B 的连线不受任何限制

3. 对于各种平面力系所具有的独立平衡方程的数的叙述,不正确的是(　　　)。

 A. 平面汇交力系有两个独立的平衡方程

 B. 平面平行力系有三个独立的平衡方程

 C. 平面一般力系有三个独立的平衡方程

 D. 有 n 个物体组成的物体系统,受平面一般力系作用时,有三个独立的平衡方程

4. 对于一个平面任意力系,利用其平衡条件最多可求解的未知量个数为(　　　)。

 A. 1 个   B. 2 个   C. 3 个   D. 4 个

5. 平面一般力系的二力矩式平衡方程是一个投影方程和两个力矩方程,即任取两点 A、B 为矩心,另取一轴 x 为投影轴,建立平衡方程,其限定条件是 A、B 的连线应(　　　)。

 A. 不平行于 x 轴   B. 不垂直于 x 轴

 C. 平行于 x 轴   D. 垂直于 x 轴

6. 平面一般力系的平衡方程的形式不可以是(　　　)。

 A. 一个投影方程+两个力矩方程   B. 两个投影方程+一个力矩方程

 C. 三个投影方程   D. 三个力矩方程

7. 下面的四个选项中不可能成为平面平行力系最终合成结果的是(　　　)。

 A. 一个力   B. 一个力偶

 C. 一个力和一个力偶   D. 0

四、简答题

1. 平面一般力系的平衡方程有哪几种形式? 应用这些方程时要注意些什么?

2. 设一平面一般力系向某一点简化得到一合力,如另选适当的点为简化中心,问力系能否简化为一力偶? 为什么?

五、计算题

1. 如图 2-7 所示,四个力作用于 O 点,设 $F_1 = 25 \text{ N}$,$F_2 = 20 \text{ N}$,$F_3 = 40 \text{ N}$,$F_4 = 50 \text{ N}$。试求其合力。

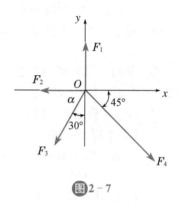

图 2-7

2. 计算图 2-8 所示各梁的支座反力。各梁自重均忽略不计。

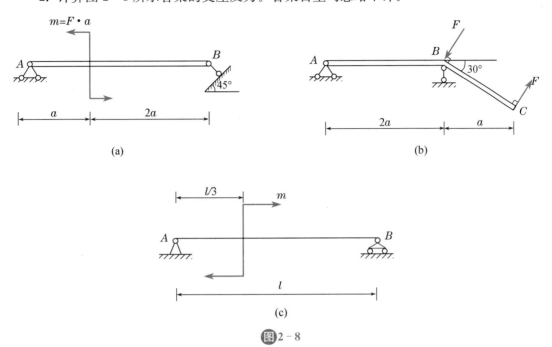

图2-8

3. 如图 2-9 所示，支架由杆 AB、BC 构成，A、B、C 三处均为光滑圆柱铰链约束，在 B 点作用一大小为80 kN 的铅垂力 F_p，杆的自重不计。试求在图示三种情况下 AB、BC 杆所受的力。

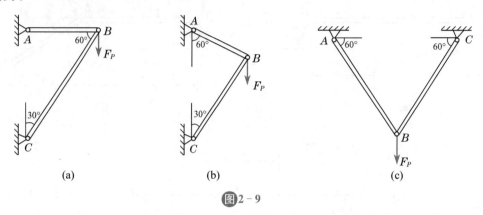

图2-9

4. 计算图 2-10 所示各梁的支座反力。各梁自重均忽略不计。

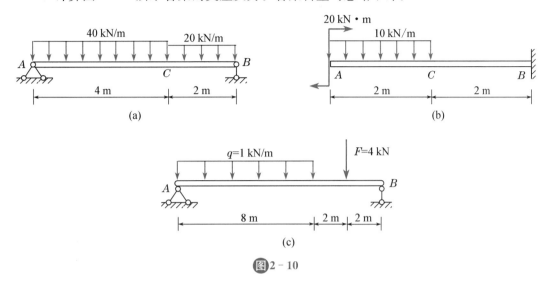

(a)

(b)

(c)

图 2-10

5. 一简支梁受两个力 F_1、F_2 作用，如图 2 – 11 所示，已知 $F_1 = 60$ kN，$F_2 = 20$ kN，梁自重忽略不计，试求支座 A、B 处的支座反力。

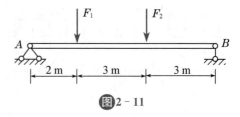

图 2 – 11

6. 悬臂刚架的尺寸及荷载如图 2 - 12 所示,已知 $q=4\text{ kN/m}$,$m=10\text{ kN·m}$,试求支座 A 处的反力。

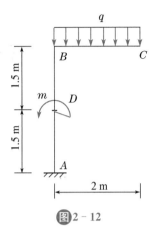

图 2 - 12

案例分析

　　一简支梁受到 $F_1=60\text{ kN}$、$F_2=120\text{ kN}$ 两个集中力作用,如图所示,梁自重忽略不计,求该梁的支座反力。

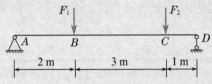

（注:扫描目录二维码获取全书习题答案。）

第3章
杆件内部效应研究之基础

学习的基本要求

1. 熟悉并理解变形固体的基本假设；
2. 了解杆件变形的形式和特点；
3. 理解内力、强度、刚度及稳定性等重要概念；
4. 掌握内力计算的基本方法——截面法；
5. 掌握平面图形几何性质的简单计算；
6. 了解应力的概念及其分类情况。

■■■▶**知识要点概述**

本部分内容主要介绍了计算杆件内部效应必备的一些基础知识,主要包括:计算杆件内部效应时把研究对象看作是均匀的、连续的、各向同性的、只发生小变形的变形固体;杆件变形的基本形式有轴向拉伸和压缩、剪切、扭转、平面弯曲四种;将要计算的杆件在外力作用下产生的内部效应主要有内力、应力、变形、应变等;构件的承载能力包括强度、刚度、稳定性三个方面;计算杆件内力的基本方法是截面法,截面法计算杆件内力的过程分为两个阶段、三个步骤、四个动作;截面的几何性质是影响构件承载能力的重要因素之一,截面的几何性质主要包括截面形心、静矩、惯性矩等几个只与截面形状、尺寸有关的几何量。

1. 基本概念

(1) 内力:力学中所指的内力一般来说指的是由于外部因素作用引起的物体内部各部分之间原有内力的改变量。

(2) 强度:构件在外力作用下抵抗破坏的能力称为构件的强度。

(3) 刚度:构件在外力作用下抵抗变形的能力称为构件的刚度。

(4) 稳定性:所谓稳定性,是指构件维持原有平衡状态的能力。

(5) 应力:截面上一点处的内力分布集度称为该点处的应力,或者简单地说,单位面积上的内力称为应力。

(6) 截面的几何性质:与杆件横截面形状、尺寸有关的几何量统称为截面的几何性质(又称为平面图形的几何性质)。

2. 重要定理

惯性矩平行移轴定理:在一系列互相平行的坐标轴中,平面图形对形心轴的惯性矩最

30

小,而对距离形心轴越远的坐标轴,其惯性矩越大;图形对任一轴的惯性矩,等于图形对与该轴平行的形心轴的惯性矩,再加上图形面积与两平行轴间距离平方的乘积。

3. 重要方法

截面法:截面法是计算杆件内力的基本方法,用截面法计算杆件内力的关键动作可归纳为四点:截开、取出、代替、平衡,简称为"切、取、代、平"四个字。

4. 重要公式及计算

(1) 组合图形的形心坐标计算公式: $y_c = \dfrac{S_z}{A} = \dfrac{\sum(A_i y_{ci})}{\sum A_i}$,$z_c = \dfrac{S_y}{A} = \dfrac{\sum(A_i z_{ci})}{\sum A_i}$;

(2) 矩形截面对其形心轴 z、y 的惯性矩: $I_{zc} = \dfrac{bh^3}{12}$,$I_{yc} = \dfrac{hb^3}{12}$;

(3) 圆形截面对其形心轴的惯性矩: $I_{yc} = I_{zc} = \dfrac{\pi d^4}{64}$;

(4) 惯性矩的平行移轴公式: $I_z = I_{zC} + a^2 A$,$I_y = I_{yC} + b^2 A$。

■■■▶ 重点及难点分析

1. 这一部分的重点是掌握截面法,深刻理解截面法计算杆件内力过程的两个阶段、三个步骤、四个动作。
2. 这一部分的难点是截面的几何性质(主要包括截面形心、静矩、惯性矩等)的计算。

■■■▶ 典型例题解析

【例 3-1】　试确定如图 3-1(a)所示 T 形截面的形心位置。

解:(1) 建立参考坐标系

建立一对参考坐标 z、y 轴如图 3-1(b)所示,其中 y 轴是截面的对称轴。

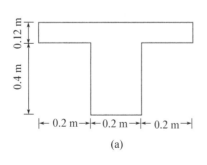 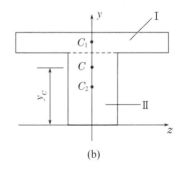

(a)　　　　　　　　　　(b)

图 3-1

(2) 分别计算各个简单图形的面积和形心坐标

形心位于 y 轴上,即 $z_c = 0$,只需计算坐标 y_c。

将 T 形截面划分为两个矩形如图 3-1(b)所示,它们的面积和形心坐标分别为:

$$A_1 = 0.12 \times 0.6 = 0.072 \text{ m}^2, A_2 = 0.2 \times 0.4 = 0.08 \text{ m}^2$$

$$y_{c1} = 0.4 + 0.06 = 0.46 \text{ m}, y_{c2} = 0.2 \text{ m}$$

（3）计算组合图形的形心坐标

根据形心坐标计算公式求得 y_c 为：

$$y_c = \frac{S_z}{A} = \frac{A_1 \cdot y_{C_1} + A_2 \cdot y_{C_2}}{A_1 + A_2} = \frac{0.072 \times 0.46 + 0.08 \times 0.2}{0.072 + 0.08} = 0.323 \text{ m}$$

（4）依据计算结果在图上标出组合图形的形心位置如图 3-1(b)所示。

解题指导

（1）所谓组合图形，是指可以划分成若干个简单图形的图形；所谓简单图形是指面积和形心坐标均已知的图形。

（2）要确定组合图形的形心位置，在力学中通常是通过建立参考坐标系、计算出组合图形的形心坐标来实现的。

（3）对于有对称轴的平面图形来说，图形的形心一定在对称轴上。为了简化运算，通常都把坐标系建在对称轴上。

（4）建立参考坐标系时，尽可能将图形放在正半轴，因为坐标是正的比负的好算。

【例 3-2】 试计算图 3-2(a)所示的 T 形截面对其形心轴 z、y 的惯性矩。

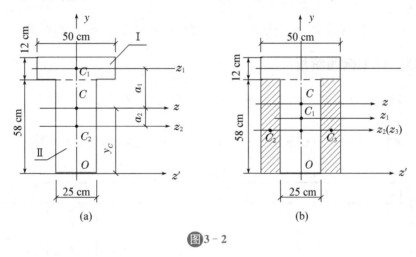

图 3-2

解：（1）确定截面形心的位置

建立参考坐标系 yoz'，如图 3-2(a)所示，由于 T 形截面有一根对称轴，形心必在此对称轴上。即 $z_c = 0$，故只需确定截面形心的位置 y_c。将 T 形截面图形分成如图 3-2(a)所示的两个矩形 Ⅰ、Ⅱ，这两个矩形的面积和形心坐标分别为

$$A_1 = 50 \times 12 = 600 \text{ cm}^2, y_{c1} = 58 + 6 = 64 \text{ cm}$$

$$A_2 = 25 \times 58 = 1\,450 \text{ cm}^2, y_{c2} = \frac{58}{2} = 29 \text{ cm}$$

T 形截面的形心坐标为

$$y_C = \frac{\sum(A_i y_{Ci})}{\sum A_i} = \frac{A_1 y_{C1} + A_2 y_{C2}}{A_1 + A_2} = \frac{600 \times 64 + 1\,450 \times 29}{600 + 1\,450} = 39.2 \text{ cm}$$

（2）计算组合图形对形心轴的惯性矩 I_z、I_y

首先分别求出矩形 I、II 对形心轴 z 的惯性矩。由平行移轴公式可得

$$a_1 = y_{c1} - y_c = 64 - 39.2 = 24.8 \text{ cm}$$

$$a_2 = y_c - y_{c2} = 39.2 - 29 = 10.2 \text{ cm}$$

$$I_z^1 = I_{z_1}^1 + a_1^2 A_1 = \frac{50 \times 12^3}{12} + 24.8^2 \times 600 = 3.76 \times 10^5 \text{ cm}^4$$

$$I_z^2 = I_{z_2}^2 + a_2^2 A_2 = \frac{25 \times 58^3}{12} + 10.2^2 \times 1\,450 = 5.57 \times 10^5 \text{ cm}^4$$

整个图形对 z、y 轴的惯性矩分别为

$$I_z = I_z^1 + I_z^2 = (3.76 + 5.57) \times 10^5 = 9.33 \times 10^5 \text{ cm}^4$$

$$I_y = I_y^1 + I_y^2 = \frac{12 \times 50^3}{12} + \frac{58 \times 25^3}{12} = 2.01 \times 10^5 \text{ cm}^4$$

解题指导

　　在计算组合图形对其形心轴的惯性矩时，首先应确定组合图形的形心位置，然后通过积分或查表计算出各简单图形对自身形心轴的惯性矩，再利用平行移轴公式，就可计算出组合图形对其形心轴的惯性矩。

　　本题也可采用"负面积法"计算。T 形截面可看成是由图 3-24(b) 中面积为 50×70 的矩形减去两个面积均为 $\frac{25}{2} \times 58$ 的小矩形（图中的阴影部分）而得到的。请读者自己计算。

【例 3-3】　试计算图 3-3 所示的由方钢和 20a 工字钢组成的组合图形对形心轴 z、y 的惯性矩。

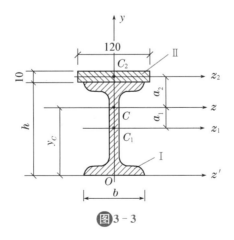

图 3-3

解：（1）计算组合图形的形心位置

建立参考坐标系 yoz' 如图 3-3 所示，其中 y 轴为组合图形的对称轴，组合图形的形心

必在 y 轴上,故 $z_c=0$。现只需计算组合图形的形心坐标 y_c。由附录的型钢表查得 20a 工字钢 $b=100$ mm, $h=200$ mm,其截面面积 $A_1=35.578$ cm^2。则有

$$y_C = \frac{\sum A_i y_G}{\sum A_i} = \frac{A_1 y_{C1} + A_2 y_{C2}}{A_1 + A_2}$$

$$= \frac{35.578 \times 10^2 \times \frac{200}{2} + 120 \times 10 \times \left(200 + \frac{10}{2}\right)}{35.578 \times 10^2 + 120 \times 10}$$

$$= 126.48 \text{ mm}$$

(2) 计算组合图形对形心轴 z、y 的惯性矩

首先计算 20a 工字钢和方钢截面各自对本身形心轴 z、y 的惯性矩。

查型钢表得：$I_{z_1}^1 = 2\,370$ cm^4, $I_y^1 = 158$ cm^4；

$$I_{z_2}^2 = \frac{bh^3}{12} = \frac{120 \times 10^3}{12} = 1.0 \times 10^4 \text{ mm}^4$$

$$I_y^2 = \frac{hb^3}{12} = \frac{10 \times 120^3}{12} = 144 \times 10^4 \text{ mm}^4$$

由惯性矩平行移轴公式可得工字钢和方钢截面分别对 z 轴的惯性矩为

$$I_z^1 = I_{z_1}^1 + a_1^2 A_1 = 2\,370 \times 10^4 + (126.48 - 100)^2 \times 35.578 \times 10^2$$
$$= 26.19 \times 10^6 \text{ mm}^4$$

$$I_z^2 = I_{z_2}^2 + a_2^2 A_2 = 1.0 \times 10^4 + (205 - 126.48)^2 \times 120 \times 10$$
$$= 7.41 \times 10^6 \text{ mm}^4$$

整个组合图形对形心轴的惯性矩应等于工字钢和方钢截面对形心轴的惯性矩之和,即

$$I_z = I_z^1 + I_z^2 = (26.19 + 7.41) \times 10^6 = 3.36 \times 10^7 \text{ mm}^4$$

$$I_y = I_y^1 + I_y^2 = (158 + 144) \times 10^4 = 3.02 \times 10^6 \text{ mm}^4$$

解题指导

在计算截面的几何性质时,一定要做到概念准确、条理清楚。注意：静矩、惯性矩等截面的几何性质表示符号,严格说起来都应该采用主要符号再配上上、下角标,只有这样才能表达清楚准确。例如,$I_z^{A_1}$ 表示面积为 A_1 的图形对坐标轴 z 轴的惯性矩,即第一块图形对坐标轴 z 轴的惯性矩,$I_z^{A_1}$ 常常简写为 I_z^1；I_z^A 表示面积为 A 的图形对坐标轴 z 轴的惯性矩,即整个图形对坐标轴 z 轴的惯性矩,I_z^A 通常简写为 I_z；$I_{z_{c1}}^1$ 表示面积为 A_1 的图形对自身形心坐标轴 z_{c_1} 轴的惯性矩,即第一块图形对自身形心坐标轴 z_{c_1} 轴的惯性矩。

◀ 自我检测练习题

练习题答案

一、判断题

1. 计算杆件内力的基本方法是截面法。　　　　　　　　　　（　　）

2. 压弯变形是杆件的基本变形形式之一。　　　　　　　　　（　　）

3. 均质物体的形心一定在它的对称轴或对称面上。　　　　　（　　）

4. 惯性矩的取值范围是可正、可负、可为零。　　　　　　　（　　）

5. 截面对通过其形心的坐标轴的静矩恒等于零。　　　　　　（　　）

6. 材料抵抗变形的能力称为强度。　　　　　　　　　　　　（　　）

二、填空题

1. 杆件变形的基本形式有_____、_____、_____和_____。

2. 截面法计算杆件内力的过程是_____。

3. 力学中计算杆件内力的基本方法是_____。

4. 截面对某一轴的静矩等于零,则该轴必通过_____。

5. 构件的承载能力包括_____、_____和_____三个方面。

6. 力学研究中通常把应力分为_____和_____两种。

三、简答题

1. 内力和应力有何区别？又有何联系？

2. 举例说明在荷载大小不变的条件下如何才能把应力减小。

四、选择题

1. 构件的强度、刚度和稳定性(　　)。
   A. 只与材料的力学性质有关　　　B. 只与构件的形状尺寸有关
   C. 与二者都有关　　　　　　　　D. 与二者都无关

2. 各向同性假设认为,材料内部各点的(　　)是相同的。
   A. 力学性质　　　B. 外力　　　C. 变形　　　D. 位移

3. 根据小变形条件,可以认为(　　)。
   A. 构件不变形　　　　　　　　　B. 构件变形很小
   C. 构件仅发生弹性变形　　　　　D. 构件的变形远小于其原始尺寸

4. 在下列三种力(1、支座反力;2、自重;3、惯性力)中,(　　)属于外力。
   A. 1 和 2　　　B. 3 和 2　　　C. 1 和 3　　　D. 全部

5. 在下列说法中,(　　)是正确的。
   A. 内力随外力的增大而增大　　　B. 内力与外力无关
   C. 内力的单位是 N 或 kN　　　　D. 内力沿杆轴是不变的

6. 在下列结论中,( )是错误的。

    A. 若物体产生位移,则物体必定同时产生变形

    B. 若物体各点均无位移,则物体必定无变形

    C. 若物体产生变形,则物体内总有一些点要产生位移

    D. 位移的大小取决于物体的变形和约束状态

7. 用截面法计算一水平杆件某截面的内力时,是对( )建立平衡方程求解的。

    A. 该截面左段   B. 该截面右段

    C. 该截面左段或右段   D. 整个杆

8. 在下列说法中,( )是错误的。

    A. 应变分线应变和角应变两种   B. 应变是变形的度量

    C. 应变是位移的度量   D. 应变是无量纲物理量

9. 下面四个假设中不属于变形固定基本假设的是( )。

    A. 均匀性假设   B. 各向同性假设 C. 可塑性假设   D. 连续性假设

五、计算题

1. 如图 3-4 所示的对称⊥形截面中,$b_1 = 0.3$ m,$b_2 = 0.3$ m,$h_1 = 0.5$ m,$h_2 = 0.14$ m。求:(1) 形心的位置;(2) 阴影部分对 z_0 轴的静矩;(3) 问 z_0 轴以上部分的面积对 z_0 轴的静矩与阴影部分对 z_0 轴的静矩有何关系?

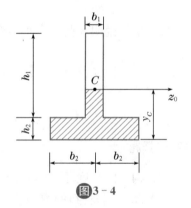

图 3-4

2. 试确定如图 3-5 所示各截面的形心位置。

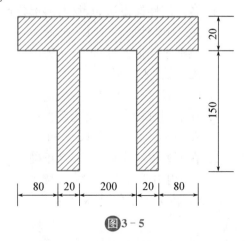

图 3-5

3. 试求如图 3-6 所示各截面阴影线对 z 轴的面积矩。

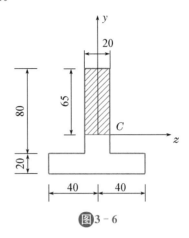

图 3-6

4. 试计算如图 3-7 所示,各图形对形心轴 z,y 轴的惯性矩和惯性半径。

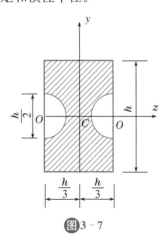

图 3-7

5. 试求如图 3-8 所示各平面图形对形心轴的惯性矩和惯性积。

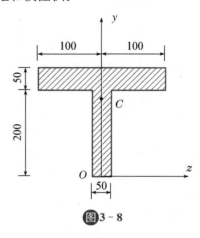

图 3-8

6. 如图 3-9 所示为由两个 18a 号槽钢组成的组合截面,如欲使此截面对两个对称轴的惯性矩相等,两根槽钢的间距 a 应为多少?

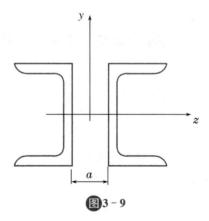

图 3-9

（注:扫描目录二维码获取全书习题答案。）

第 4 章

轴向拉压杆

📗📗▶ 学习的基本要求

1. 了解轴力、正应力、线应变、应力集中等概念；
2. 熟练掌握用截面法计算轴力的方法及过程；
3. 熟悉材料在轴向拉伸和压缩时的力学性质；
4. 深刻理解胡克定律；
5. 掌握轴向拉压杆的变形计算；
6. 熟练掌握轴向拉、压杆的正应力强度条件及其应用。

📗📗▶ 知识要点概述

1. 重要概念

（1）轴力：与杆轴重合的内力称为轴力。

（2）弹性模量：表征在弹性限度内物质材料抗拉或抗压能力的物理量称为弹性模量。

（3）材料的力学性质：材料在受力过程中所表现出来的强度与变形方面的性质称为材料的力学性质。

（4）冷作硬化：将材料预拉到强化阶段，然后卸载，当再加载时，比例极限和屈服极限得到提高、塑性降低的现象称为冷作硬化现象。

（5）应力集中：由于杆件外形的突然变化而引起的局部应力急剧增加的现象，称为应力集中。

2. 基本原理

胡克定律：胡克定律是力学弹性理论中的一条基本定律，胡克定律的内容是：在材料的线弹性范围内，固体的单向拉伸变形与所受的外力成正比；也可表述为：在应力低于材料的比例极限的情况下，固体中的应力 σ 与应变 ε 成正比，即 $\sigma = E \cdot \varepsilon$，式中 E 为材料的弹性模量，是一个常数。

3. 重要公式

（1）胡克定律表达式：$\sigma = E\varepsilon$ 或 $\Delta l = \dfrac{Nl}{EA}$

（2）轴向拉压杆横截面上正应力计算公式：$\sigma = \dfrac{N}{A}$

（3）材料延伸率（断后伸长率）：$\delta = \dfrac{l_1 - l}{l} \times 100\%$

(4) 截面收缩率：$\psi = \dfrac{A - A_1}{A} \times 100\%$

(5) 轴向拉（压）杆件的强度条件为：$\sigma_{\max} = \left| \dfrac{N}{A} \right|_{\max} \leqslant [\sigma]$

4. 重要计算及其结论

(1) 轴向拉压杆横截面上的正应力计算：

轴向拉压杆横截面上只有正应力，而且是均匀分布的。

(2) 轴向拉压杆的正应力强度计算：

根据强度条件，可以解决三类强度计算问题，它们分别是：① 强度校核，② 截面设计，③ 确定许可荷载。

(3) 低碳钢的拉伸过程及其重要的力学性能指标：

根据低碳钢拉伸时的应力—应变曲线通常把低碳钢的拉伸过程分为四个阶段，分别是弹性阶段、屈服阶段、强化阶段和颈缩断裂阶段。

以低碳钢为代表的塑性材料的重要强度指标是屈服极限应力 σ_s 和强度极限应力 σ_b。

以低碳钢为代表的塑性材料的重要塑性指标是材料的延伸率 δ 和截面收缩率 ψ。

🔘🔘 重点及难点分析

1. 这一部分的重点是掌握轴向拉压杆的变形计算及轴向拉压杆的正应力强度计算。

2. 这一部分的难点有：① 轴向拉压杆件的截面设计；② 胡克定律的理解及其应用。

🔘🔘 典型例题解析

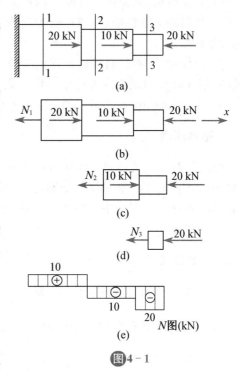

【例 4－1】 请计算图 4－1(a)所示杆件指定横截面上的轴力，并绘制轴力图。

解：(1) 计算 1－1 横截面上的轴力 N_1

用一平面沿 1－1 横截面将杆件截开分为左右两部分，取右侧杆段作为研究对象，并画出其受力图如图 4－1(b)所示。

$$\sum X = 0, \quad -N_1 + 20 + 10 - 20 = 0$$

得：$N_1 = 10\ \text{kN}$（拉）

(2) 计算 2－2 横截面上的轴力 N_2

用一平面沿 2－2 横截面将杆件截开分为左右两部分，取右侧杆段作为研究对象，并画出其受力图如图 4－1(c)所示。

$$\sum X = 0, \quad -N_2 + 10 - 20 = 0$$

得：$N_2 = -10\ \text{kN}$（压）

(3) 计算 3－3 横截面上的轴力 N_3

用一平面沿 3－3 横截面将杆件截开分为

图 4－1

左右两部分,取右侧杆段作为研究对象,并画出其受力图如图 4-1(d)所示。

$$\sum X = 0, \ -N_3 - 20 = 0 \quad 得:N_3 = -20 \ \text{kN(压)}$$

(4) 根据计算出的杆件横截面上的轴力值绘制出杆件的轴力图如图 4-1(e)所示。

解题指导

在绘制轴向拉压杆的轴力图时,首先应该根据杆件的受力情况把杆件分成若干段,再用截面法或直接观察法分别计算出杆件上每一杆段的轴力,最后根据计算结果绘制出轴力图。绘制杆件轴力图时要注意:正的轴力画在杆轴上方,负的轴力画在杆轴下方。画完图之后,还需要对图形进行标注,一般需要进行"四项标注",分别是:标注图名、标注控制数值、标注正负号、标注单位。

【例 4-2】　如图 4-2(a)所示杆件,AC 段的横截面积为 $A_1 = 500 \ \text{mm}^2$,CD 段的横截面积为 $A_2 = 200 \ \text{mm}^2$,弹性模量 $E = 200 \ \text{GPa}$,$F_1 = 30 \ \text{kN}$,$F_2 = 10 \ \text{kN}$ 求杆的总纵向变形量。

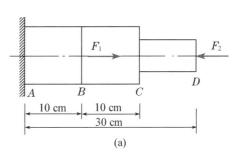

(a)

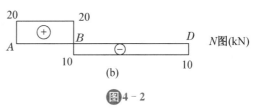

(b)

图 4-2

解:杆的总纵向变形就是沿着杆轴线长度方向各段纵向变形之和。

(1) 计算杆件的轴力并绘制轴力图:

将杆件分为 AB、BD 两段计算轴力,则有

$$N_{CD} = N_{BC} = -10 \ \text{kN}; \ N_{AB} = 30 - 10 = 20 \ \text{kN}$$

绘制出杆件的轴力图如图 4-2(b)所示。

(2) 计算杆件的变形:

要计算杆件的变形则需要将杆件分为 AB、BC、CD 三段。

$$AB \ 段:\Delta l_{AB} = \frac{N_{AB} \cdot l_{AB}}{EA_1} = \frac{20 \times 10^3 \times 10^2}{200 \times 10^3 \times 500} = 0.02 \ \text{mm}$$

$$BC \ 段:\Delta l_{BC} = \frac{N_{BC} \cdot l_{BC}}{EA_1} = \frac{-10 \times 10^3 \times 10^2}{200 \times 10^3 \times 500} = -0.01 \ \text{mm}$$

$$CD \ 段:\Delta l_{CD} = \frac{N_{CD} \cdot l_{CD}}{EA_2} = \frac{-10 \times 10^3 \times 10^2}{200 \times 10^3 \times 200} = -0.025 \ \text{mm}$$

$$\Delta l = \Delta l_{AB} + \Delta l_{BC} + \Delta l_{CD} = 0.02 - 0.01 - 0.025 = -0.015 \ \text{mm}$$

计算结果为负值说明整个杆件是缩短的。

解题指导

(1) BC 段和 CD 段虽然轴力相同,但是变形量不同,因此计算杆件变形量时,应在截面变化处分段。

（2）*AB* 段和 *BC* 段虽然截面面积相同，但轴力却不同，即变形量也不相同，因此计算杆件变形量时，在外力 F_1 作用处也需要分段。

（3）整个杆件伸长量等于各段伸长量之和，$\Delta l = \sum \Delta l_i$。如果该值为负，说明整个杆件在外力作用下缩短了；若该值为正，说明整个杆件在外力作用下伸长了。

（4）做此类题，还应注意各个物理量单位的换算，如：弹性模量、杆长和力、杆件横截面积等在公式中的单位应该配套。

【例 4 - 3】 已知某三角架如图 4 - 3(a)所示，*AB* 杆为圆截面钢杆，$d = 30$ mm，材料的许用应力 $[\sigma]_1 = 160$ MPa；*AC* 杆为方截面木杆，材料的许用应力 $[\sigma]_2 = 6$ MPa，荷载 $F = 60$ kN，各杆自重忽略不计。试校核 *AB* 杆的强度，并确定 *AC* 杆的截面边长 a。

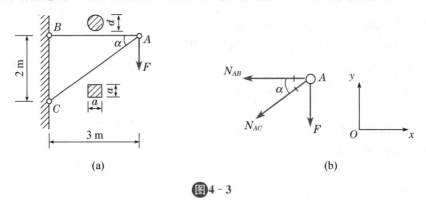

图 4 - 3

解：（1）计算各杆的轴力

依据题意可知 *AB* 杆、*AC* 杆均为二力杆，用截面将杆 *AB*、*AC* 截断并选取结点 *A* 为研究对象，画出结点 *A* 的受力图，建立平面直角坐标系，如图 4 - 3(b)所示。

$$\sum Y = 0, \quad -N_{AC}\sin\alpha - F = 0, \quad N_{AC} = -\frac{F}{\sin\alpha} = -60 \times \frac{\sqrt{2^2 + 3^2}}{2} = -108.2 \text{ kN（压）}$$

$$\sum X = 0, \quad -N_{AB} - N_{AC}\cos\alpha = 0, \quad N_{AB} = -N_{AC}\cos\alpha = -108.2 \times \frac{3}{\sqrt{2^2 + 3^2}} = 90 \text{ kN（拉）}$$

（2）校核 *AB* 杆的强度

$$\sigma_{AB} = \frac{N_{AB}}{A_{AB}} = 90 \times 10^3 \times \frac{4}{3.14 \times 30^2} = 127.38 \text{ MPa} < [\sigma]_1 = 160 \text{ MPa}$$

所以 *AB* 杆满足强度要求。

（3）确定 *AC* 杆截面边长 a

$$A_{AC} \geq \frac{|N_{AC}|}{[\sigma]_2} = \frac{108.2 \times 10^3}{6} = 18.03 \times 10^3 \text{ mm}^2$$

又因 $A_{AC} = a^2$，所以 $a \geq \sqrt{18.03 \times 10^3} = 134.3$ mm，取 $a = 140$ mm

解题指导

（1）看到此种类型的题，不能直接就对整个系统分析，上来就求支座反力。首先分析 AB 杆和 AC 杆的受力，本题可以看出两杆都是二力杆。

（2）对结点 A 进行受力分析时，AB 杆和 AC 杆的力都是按拉力作用在结点上，因此 N_{AB} 计算为负时，说明 AB 杆为压杆，其内力方向与假设的方向相反；N_{AC} 计算为正值，说明 AC 杆为拉杆、其内力方向与假设方向相同。

（3）从问题类型角度来看，一个是校核 AB 杆的强度，另一个是求 AC 杆的截面边长 a，两个问题是强度校核问题中的不同类型，但都是强度条件 $\sigma_{\max} = \dfrac{|N|}{A} \leqslant [\sigma]$ 的具体应用。

（4）求出的截面尺寸，应取整数。

▶▶ 自我检测练习题

一、判断题

练习题答案

1. 最大内力所在的截面一定是危险截面。　　　　　　　　　　　　　（　　）
2. 轴向拉压杆横截面上正应力的正负号规定与轴力的正负号规定相同。（　　）
3. 在其他条件相同的情况下，杆件的 EA 值愈大，杆件的纵向变形就愈小。（　　）
4. 轴向拉压杆横截面上只有正应力，且均匀分布。　　　　　　　　　（　　）
5. 轴向拉压杆的纵向线应变与横向线应变的正负号总是相反的。　　　（　　）
6. 如果用相同的力去拉伸两个长短相同、材料相同、粗细不同的杆件，两个杆件的纵向伸长量一定相等。　　　　　　　　　　　　　　　　　　　　　　　　（　　）
7. 脆性材料的抗压强度远小于抗拉强度。　　　　　　　　　　　　　（　　）
8. 塑性材料的极限应力等于强度极限，即 $\sigma_u = \sigma_b$。　　　　　　　　（　　）

二、填空题

1. 在国际单位制中，应力的单位是 Pa（帕），1 Pa ＝_____ N/m^2，1 MPa ＝_____ Pa，1 GPa ＝_____ Pa。
2. 轴向拉、压杆横截面上的正应力计算公式为：_____。
3. EA 称为杆件的_____。
4. 低碳钢拉伸过程的四个阶段分别是_____、_____、_____、_____。
5. 衡量材料塑性性能的两个重要指标分别是_____ 和_____。
6. 根据强度条件可以解决强度计算的三类问题，分别是_____、_____ 和_____。

7. 工程中把 $\delta \geqslant$＿＿＿＿＿＿＿＿＿＿＿＿的材料称为塑性材料。

8. 衡量塑性材料强度性能的两个重要指标分别是＿＿＿＿＿＿和＿＿＿＿＿＿。

三、选择题

1. 如图 4 - 4 所示阶梯杆,设 N_{AB}、N_{BC} 分别表示 AB 段和 BC 段的轴力,σ_{AB} 和 σ_{BC} 分别表示 AB 段和 BC 段的应力,下列说法正确的是 （　　）

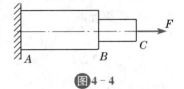

图 4 - 4

　　A. $N_{AB} = N_{BC}$,$\sigma_{AB} = \sigma_{BC}$

　　B. $N_{AB} \neq N_{BC}$,$\sigma_{AB} = \sigma_{BC}$

　　C. $N_{AB} \neq N_{BC}$,$\sigma_{AB} \neq \sigma_{BC}$

　　D. $N_{AB} = N_{BC}$,$\sigma_{AB} \neq \sigma_{BC}$

2. 材料的安全因数 n （　　）

　　A. $\geqslant 1$　　　　B. $\leqslant 1$　　　　C. > 1　　　　D. < 1

四、简答题

1. 简述低碳钢的拉伸过程。

2. 比较塑性材料与脆性材料两种材料的力学性质。

3. 应力集中对塑性材料和脆性材料的影响一样吗? 为什么?

五、计算题

1. 有一根钢丝绳,其横截面面积为 $0.8\ \text{cm}^2$,受到 $4\ \text{kN}$ 的拉力,试求这根钢丝绳横截面上的应力。

2. 如图 4-5 所示,铰接三角形支架,受 $F=15$ kN 力作用,AB 杆为 $d=16$ mm 的圆截面杆,BC 杆为 $a=100$ mm 的正方形截面杆,试计算各杆横截面上的应力。

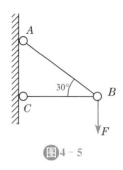

图 4-5

3. 钢制变截面杆受轴向力作用如图 4-6 所示。已知材料的弹性模量 $E=200$ GPa,AB 段杆的横截面面积 $A_1=200$ mm^2,BC 段杆的横截面面积 $A_2=400$ mm^2,试求:

(1) 杆件横截面的应力;

(2) 杆件的纵向总变形。

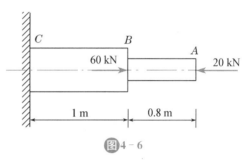

图 4-6

4. 杆系结构如图 4-7 所示,已知杆 AB、AC 材料相同,$[\sigma]=160$ MPa,横截面积分别为 $A_1=706.9$ mm^2,$A_2=314$ mm^2,试确定此结构的许可荷载 $[F]$。

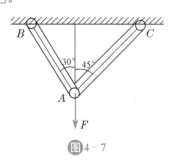

图 4-7

(注:扫描目录二维码获取全书习题答案。)

|第 5 章|
压杆的稳定性

🔘🔘🔘 ► 学习的基本要求

1. 了解压杆的稳定性、临界力等概念；
2. 深刻理解柔度的概念及其意义；
3. 掌握压杆的临界力、临界应力、稳定性等计算；
4. 理解压杆的临界应力总图；
5. 深刻理解提高压杆稳定性的一般措施。

🔘🔘🔘 ► 知识要点概述

1. 重要概念

(1) 压杆：若一杆件因受轴向力而沿着轴线方向产生压缩，这类杆件称为压杆。

(2) 压杆的稳定性：轴向压杆保持其原有直线平衡状态的能力称为压杆的稳定性。

(3) 失稳：压杆在轴向压力作用下不能保持其原有直线平衡状态而突然弯曲的现象称为压杆丧失稳定性，简称失稳。

(4) 柔度：柔度又称长细比，力学学科中的一个概念，是指构件在轴向受力的情况下，沿垂直轴向方向发生变形的大小，通常用 λ 表示。

(5) 压杆的临界力：受压直杆保持其原有直线平衡状态稳定形状所能承受的最大压力称为压杆的临界力。或者，使压杆发生失稳的最小压力称为压杆的临界力。

(6) 临界应力总图：反映大、中、小三类压杆的临界应力与柔度的关系的图形称为临界应力总图。

2. 重要公式

(1) 柔度计算公式：$\lambda = \dfrac{\mu \cdot l}{i}$

(2) 欧拉公式：$F_{cr} = \dfrac{\pi^2 EI}{(\mu l)^2}$ 或 $\sigma_{cr} = \dfrac{\pi^2 E}{\lambda^2}$

(3) 压杆的稳定条件为：$\sigma = \dfrac{N}{A} \leqslant [\sigma_{st}]$

(4) 用折减系数法计算压杆稳定性问题的稳定条件为：$\sigma = \dfrac{N}{A} \leqslant \varphi[\sigma]$

3. 重要计算与重要结论

(1) 用欧拉公式计算细长压杆的临界力、临界应力

① 柔度 $\lambda \geqslant \lambda_p$ 的压杆称为大柔度杆,又叫细长杆。细长压杆的临界力、临界应力用欧拉公式计算。

② 柔度 $\lambda_p > \lambda \geqslant \lambda_s = \dfrac{a - \sigma_s}{b}$ 的压杆称为中等柔度杆,又叫中长杆或一般杆。中等柔度杆的临界应力用经验公式计算。

③ 柔度 $\lambda < \lambda_s$ 的压杆称为小柔度杆,又叫粗短杆。小柔度杆不存在失稳问题,应按强度条件进行设计和计算。

(2) 压杆的稳定性计算

根据压杆的稳定条件,可以进行压杆稳定方面的三种计算,分别是稳定性校核、截面设计和确定许用荷载。

(3) 提高压杆稳定性的措施

提高压杆稳定性的措施有:减小压杆的长度、合理选择压杆的横截面形状及尺寸、增强压杆两端的约束、选择合适的材料等。

●●● ▶ 重点及难点分析

1. 这一部分的重点是深刻理解柔度的概念,掌握细长压杆的临界力、临界应力计算,特别是压杆的稳定性计算。

2. 这一部分的难点有:(1) 对柔度这一重要概念的理解;(2) 压杆失稳方向的判定;(3) 压杆稳定性计算中的截面设计。

●●● ▶ 典型例题解析

【例 5-1】　四根材料相同、横截面积均相同的圆形截面细长压杆如图 5-1 所示,请问:哪根杆能够承受的压力最大?哪根杆能够承受的压力最小?

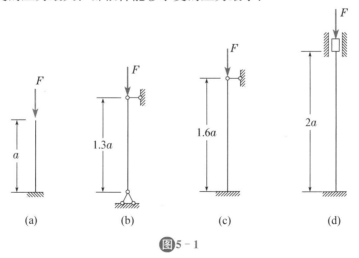

(a)　　　(b)　　　(c)　　　(d)

图 5-1

解:要比较各杆的承载能力只需比较各杆的临界力。

因为各杆均为细长杆,其临界力都可以用欧拉公式计算,由于各杆的材料、横截面形状及尺寸都相同,所以,要比较各杆的临界力只需比较各杆的计算长度即可。

(1)(a)图所示杆件:$\mu l = 2 \times a = 2a$;

(2)(b)图所示杆件:$\mu l = 1 \times 1.3a = 1.3a$;

(3)(c)图所示杆件:$\mu l = 0.7 \times 1.6a = 1.12a$;

(4)(d)图所示杆件:$\mu l = 0.5 \times 2a = a$。

由欧拉公式可知:细长压杆的临界力与压杆计算长度的平方成反比,所以,(d)图所示杆件能够承受的压力最大,(a)图所示杆件能够承受的压力最小。

解题指导

(1)因为压杆的类型不同,计算压杆临界力的公式就不一样,所以要确定压杆所能够承受的压力,就必须先确定压杆的类型。

(2)依据题意可知本题的四根压杆都属于细长压杆,其临界力都应该用欧拉公式计算。

(3)要想去比较四根压杆所能承受的压力大小,只需也必须通过比较四根杆件欧拉公式中所涉的各个物理量的关系。本题四根压杆的材料相同、横截面形状及尺寸也相同,即四根压杆的 EI 都相同,也就是说四根压杆临界力计算式子中的分子都一样,要想比较四根压杆的临界力,只需比较分母的大小就可以了。也就是说,欲解本题,只需比较这四根压杆的计算长度 μl 的大小就可以了。μl 越大,杆件所能承受的压力越小;μl 越小,杆件所能承受的压力越大。

【例 5-2】 如图 5-2 所示压杆用 $30 \times 30 \times 4$ 的等边角钢制成,已知杆长 $l = 0.5$ m,材料为 Q235 钢,请计算该压杆的临界力。

解:(1)首先计算压杆的柔度

查型钢表可知:压杆横截面的最小惯性矩为截面对 y_0 轴的惯性矩 $I_{y0} = 0.77$ cm^4,最小惯性半径为截面对 y_0 轴的惯性半径 $i_{y0} = 0.58$ cm,由此可以计算出其柔度为:

$$\lambda = \frac{\mu l}{i} = \frac{2 \times 0.5}{0.58 \times 10^{-2}} = 172$$

因为钢材的 $\lambda_p = 100$,所以该压杆属于大柔度杆,说明其临界力应该用欧拉公式计算:

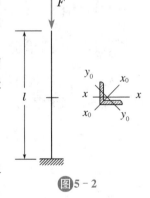

图5-2

(2)计算压杆的临界力

$$F_{cr} = \frac{\pi^2 EI}{(\mu l)^2} = \frac{\pi^2 \times 206 \times 10^9 \times 0.77 \times 10^{-8}}{(2 \times 0.5)^2} = 15.7 \times 10^3 \text{ N} = 15.7 \text{ kN}$$

解题指导

(1)要计算压杆临界力,就必须先确定压杆的类型;(2)细长压杆的临界力都应该用欧拉公式计算;(3)压杆总是绕惯性矩较小的轴先失稳;(4)对于矩形横截面来说,压杆总是绕垂直于短边的轴先失稳。

【例 5 - 3】　一矩形截面的细长压杆如图 5 - 3 所示,其两端用柱形铰与其他构件相连接,压杆的材料为 Q235 钢,$E=210$ GPa。

(1) 若 $l=2.3$ m,$b=40$ mm,$h=60$ mm,试求其临界力;

(2) 试确定矩形截面尺寸 b 和 h 的合理关系。

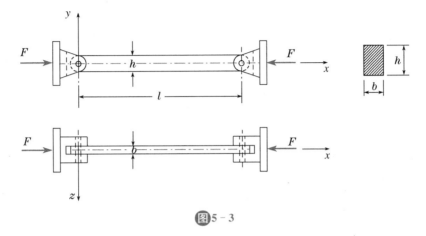

图 5 - 3

解:(1) 若压杆在 xy 平面内失稳,则其杆件端部约束条件是两端铰支,长度系数为 $\mu_1=1$,惯性半径为

$$i_z=\sqrt{\frac{I_z}{A}}=\sqrt{\frac{\frac{bh^3}{12}}{bh}}=\frac{h}{2\sqrt{3}}=\frac{60}{2\sqrt{3}}=17.3 \text{ mm}$$

则柔度为

$$\lambda_1=\frac{\mu_1 l}{i_z}=\frac{1\times 2.3}{17.3\times 10^{-3}}=133$$

若压杆在 xy 平面内失稳,则其杆件端部约束条件是两端固定,长度系数为 $\mu_2=0.5$,惯性半径为

$$i_y=\sqrt{\frac{I_y}{A}}=\sqrt{\frac{\frac{hb^3}{12}}{bh}}=\frac{b}{2\sqrt{3}}=\frac{40}{2\sqrt{3}}=11.5 \text{ mm}$$

则柔度为

$$\lambda_2=\frac{\mu_2 l}{i_y}=\frac{0.5\times 2.3}{11.5\times 10^{-3}}=100$$

由于 $\lambda_1>\lambda_2$,则压杆将在 xy 平面内失稳,该杆件属于细长杆,其临界力应该用欧拉公式计算:

$$F_{cr}=\frac{\pi^2 EI_z}{(\mu_1 l)^2}=\frac{\pi^2 E\frac{bh^3}{12}}{(\mu_1 l)^2}=\frac{\pi^2\times 210\times 10^9\times\left(\frac{0.04\times 0.06^3}{12}\right)}{(1\times 2.3)^2}=282\times 10^3 \text{ N}=282 \text{ kN}$$

(2) 若压杆在 xy 平面内失稳,其临界力为:

$$F'_{cr} = \frac{\pi^2 EI_z}{l^2} = \frac{\pi^2 Ebh^3}{12l^2}$$

若压杆在 xz 平面内失稳,其临界力为:

$$F''_{cr} = \frac{\pi^2 EI_y}{(0.5l)^2} = \frac{\pi^2 Ebh^3}{3l^2}$$

截面的合理尺寸应该使,压杆在 xy 平面内和在 xz 平面内具有相同的稳定性,即

$$F'_{cr} = F''_{cr}, \frac{\pi^2 Ehb^3}{3l^2} = \frac{\pi^2 Ebh^3}{12l^2}$$

由此可得:

$$h = 2b$$

解题指导

(1)要计算压杆临界力,就必须先确定压杆的类型。

(2)细长压杆的临界力都应该用欧拉公式计算;要使用欧拉公式计算压杆的临界力,必须先判定压杆的失稳方向。

(3)当压杆两端在各个方向弯曲平面内具有相同的约束条件时,压杆将在刚度最小的平面内弯曲。由于本题压杆在不同平面内的杆端约束不一样,杆件在不同方向的惯性矩也不一样,所以我们只能通过比较两个方向的柔度大小才能确定该压杆在哪个方向先失稳。

(4)对于矩形横截面来说,压杆总是绕垂直于短边的轴先失稳;合理的截面尺寸应该是:使压杆在 xy 平面内和在 xz 平面内具有相同的稳定性。

【例 5-4】 如图 5-4 所示为一用 No. 20a 工字钢制成的压杆,材料为 Q235 钢,$E=200\ \text{GPa}$,$\sigma_p = 200\ \text{MPa}$,压杆的长度 $l = 5\ \text{m}$。求此压杆的临界力。

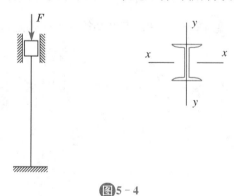

图 5-4

解:(1)求压杆的柔度

由附录的型钢表查得:$i_x = 8.15\ \text{cm}$,$i_y = 2.12\ \text{cm}$,$A = 35.578\ \text{cm}^2$

压杆在 i 最小的纵向平面内柔度最大,临界力最小。因而,压杆若失稳一定发生在压杆柔度最大的纵向平面内。最大的柔度:

$$\lambda_{max} = \frac{\mu l}{i_y} = \frac{0.5 \times 5}{2.12 \times 10^{-2}} = 117.9$$

(2) 计算 λ_p

$$\lambda_p = \pi \sqrt{\frac{E}{\sigma_p}} = \pi \sqrt{\frac{200 \times 10^3}{200}} \approx 99.4$$

(3) 求临界力

因为 $\lambda_{max} > \lambda_p$，此压杆是细长杆，用欧拉公式计算临界应力：

$$\sigma_{cr} = \frac{\pi^2 E}{\lambda_{max}^2} = \frac{3.14^2 \times 200 \times 10^9}{117.9} = 1.42 \times 10^8 \text{ MPa}$$

临界力 $F_{cr} = A\sigma_{cr} = 35.578 \times 10^{-4} \times 142 \times 10^6 \times 10^{-3} = 505.2 \text{ kN}$。

解题指导

(1) 首先，在型钢表中正确查找 i_x、i_y；

(2) 根据公式 $\lambda = \frac{\mu l}{i}$ 可知：当压杆 i 最小的时候，λ_{max} 最大，并且计算出 λ_{max}；

(3) 根据公式 $\lambda_p = \pi \sqrt{\frac{E}{\sigma_p}}$，求得对应于比例极限的长细比；

(4) 根据 λ_{max} 与 λ_p 的比较，判断该压杆是否为细长杆，若为细长杆，用欧拉公式计算临界应力，再用公式 $F_{cr} = A\sigma_{cr}$ 求出临界力。

自我检测练习题

一、判断题

练习题答案

1. 压杆的柔度愈小，就愈容易失稳。　　　　　　　　　　　　　　　　　　（　　）
2. 压杆的临界应力值与压杆所受的荷载大小有关。　　　　　　　　　　　　（　　）
3. 最大内力所在的截面一定是危险截面。　　　　　　　　　　　　　　　　（　　）
4. 压杆的临界应力值与压杆材料的弹性模量成正比。　　　　　　　　　　　（　　）
5. 同种材料制成的细长压杆，其柔度越大越容易失稳。　　　　　　　　　　（　　）
6. 柔度大变形就大，构件的稳定性就差。　　　　　　　　　　　　　　　　（　　）
7. 压杆的截面尺寸越大，柔度越小。　　　　　　　　　　　　　　　　　　（　　）
8. 在其他条件都一样的情况下，压杆的长度越长，其柔度就越大。　　　　　（　　）
9. 压杆两端采用固定约束比采用滑动约束的柔度小，有约束比无约束柔度小。（　　）
10. 压杆的稳定性破坏与强度破坏相同。　　　　　　　　　　　　　　　　（　　）
11. 一根细长压杆的临界力大小与杆件的长度有关，与杆端的约束情况无关。（　　）
12. 对于大柔度钢压杆不宜选用优质钢材，以免造成浪费。　　　　　　　　（　　）

二、填空题

1. 在国际单位制中，应力的单位是 Pa(帕)，1 Pa＝_____ N/m²，1 MPa＝_____ Pa，

1 GPa＝_____ Pa。

2. 欧拉公式的适用范围是_____。

3. 根据稳定条件可以解决稳定性计算的三类问题,分别是_____、_____和_____。

4. 压杆的柔度综合反映了_____、_____、_____对临界应力的影响。

5. 提高细长压杆稳定性的措施有_____、_____、_____、_____。

6. 压杆的长度系数反映了杆端的_____对临界力的影响。

7. 计算压杆稳定性的方法有_____和_____两种,建筑工程中通常采用_____进行稳定性的计算。

8. 压杆总是绕惯性矩_____的轴先失稳。

三、选择题

1. 计算压杆临界力的欧拉公式适用于下面四种情况的 （　）
   A. 小柔度杆件　　　B. 中长杆件　　　C. 细长杆件　　　D. 所有压杆

2. 压杆两端铰支时,计算临界应力,长度系数 μ 取 （　）
   A. 0.7　　　B. 0.5　　　C. 1　　　D. 2

3. 材料和柔度相同的两根压杆 （　）
   A. 临界力一定相等,临界应力不一定相等
   B. 临界力不一定相等,临界应力一定相等
   C. 临界力和临界应力都一定相等
   D. 临界力和临界应力都不一定相等

4. 压杆的临界力大小与下列_____因素有关 （　）
   A. 压杆的材料　　　　　　　　B. 压杆的截面形状与大小
   C. 压杆的长度　　　　　　　　D. 压杆的强度
   E. 压杆的支承情况

5. 同一长度的压杆,截面积及材料均相同,仅两端支承条件不同,则_____杆的临界力最小 （　）
   A. 两端铰支　　　　　　　　B. 一端固定,一端自由
   C. 一端固定,一端铰支　　　　D. 两端固定

6. 某受压杆件,在支座不同,其他条件相同的情况下,其临界力最小的支座方式是 （　）
   A. 两端铰支　　　　　　　　B. 一端固定,一端铰支
   C. 两端固定　　　　　　　　D. 一端固定,一端自由

7. 受压杆在下列支承情况下,若其他条件相同,临界力最大的是 （　）
   A. 一端固定,一端自由　　　　B. 一端固定,一端铰支
   C. 两端固定　　　　　　　　D. 两端铰支

8. 两端铰支的受压杆件,临界力为 50 kN,若将杆件改为两端固定,则其临界力为_____ kN （　）

A. 50　　　　　　B. 100　　　　　　C. 150　　　　　　D. 200

9. 某两端固定的受压杆件,其临界力为 200 kN,若将此杆件改为两端铰支,则其临界力为_____ kN　　　　　　　　　　　　　　　　　　　　　（　　）

A. 50　　　　　　B. 100　　　　　　C. 150　　　　　　D. 200

10. 研究压杆稳定性问题时对压杆进行分类的依据指标是(　　)。

A. 压杆的长度　　　　　　　　　　B. 压杆所受的轴力

C. 压杆的横截面面积　　　　　　　D. 压杆的柔度

四、简答题

1. 什么是压杆的失稳? 为什么要研究压杆的失稳?

2. 简述欧拉公式的适用条件。

3. 提高压杆稳定性的措施有哪些?

五、计算题

1. 某轴向压杆一端固定、另一端自由,杆长 $l=2.5$ m,该杆由 18 号工字钢制成,材料的弹性模量 $E=200$ GPa,试用欧拉公式计算该杆的临界力。

2. 有一根钢筋混凝土柱(可视为细长压杆),高度 $L=6$ m,下端与基础固结,上端与屋架铰接,柱的截面尺寸为 $b \times h = 250$ mm $\times 600$ mm,弹性模量 $E=26$ GPa。试计算该柱的临界力。

3. 两根圆截面压杆的直径均为 20 cm,材料为 Q235 钢,弹性模量 $E=200$ GPa,屈服极限 $\sigma_s=235$ MPa。杆件两端均为铰支座,长度分别为 $l_1=6$ m、$l_2=4$ m,试求各杆的临界荷载值。

4. 一根两端铰支的空心圆管,其外径 $D=60$ mm,内径 $d=45$ mm,材料的极限柔度 $\lambda_p=120$,$\lambda_s=70$,其直线型经验公式为 $\sigma_{cr}=304-1.12\lambda_{cr}$。试求:
(1) 可应用欧拉公式计算该压杆临界应力的最小长度 l_{min};
(2) 当压杆长度为 $3l_{min}/4$ 时,其临界应力值。

5. 一两端铰支的圆形截面压杆,材料为 Q235 钢,杆长 $l=2.2$ m,直径 $d=80$ mm。已知工作压力 $F=500$ kN,稳定安全系数 $n_{st}=1.6$ 为 120 mm×180 mm,$E=200$ GPa。试校核压杆的稳定性。

（注：扫描目录二维码获取全书习题答案。）

第6章
平面弯曲梁

学习的基本要求

1. 了解平面弯曲变形的形式和特点;
2. 了解梁的概念及其分类情况;
3. 理解平面弯曲、纯弯曲、中性轴、等强度梁等重要概念;
4. 巩固内力计算的基本方法——截面法;
5. 掌握平面弯曲梁的内力计算及内力图的绘制方法;
6. 熟练掌握梁的正应力强度条件及其应用;
7. 了解平面弯曲梁的变形及刚度计算;
8. 深刻理解提高平面弯曲梁承载能力的措施。

知识要点概述

平面弯曲梁这一板块主要包括了平面弯曲梁的内力计算及内力图的绘制、平面弯曲梁的正应力及其强度计算、平面弯曲梁的变形及其刚度计算等内容。

1. 基本概念

(1) 平面弯曲:梁的弯曲平面与外力作用平面相重合的弯曲称为平面弯曲。
(2) 梁:以弯曲变形为主要变形的非竖直杆件称为梁。
(3) 纯弯曲:剪力等于零的弯曲称为纯弯曲。
(4) 中性轴:中性层与横截面的交线称为中性轴。
(5) 挠度:梁横截面形心的竖向位移称为挠度。
(6) 等强度梁:梁上各横截面的最大工作应力相等而且等于材料许用应力的梁称为等强度梁。

2. 基本原理

叠加原理:当梁在外力作用下的变形微小时,梁上若干外力对某一截面引起的内力等于各个力单独作用下对该截面引起的内力的代数和。

3. 平面弯曲梁横截面上的内力

计算梁上指定截面内力的方法有两种:截面法和直接观察法。
(1) 平面弯曲梁的横截面上一般存在两种内力:剪力和弯矩。

与截面相切的内力称为剪力;使杆件发生弯曲变形的内力偶的力偶矩称为弯矩。

（2）截面法是计算杆件内力的基本方法,用截面法计算杆件内力的步骤可归纳为四个要点:截开、取出、代替、平衡。这四个要点简称为截、取、代、平。

（3）直接观察法省去了画梁段的受力图和列平衡方程等工作,是截面法的简化版。

4. 绘制梁的内力图

（1）绘制梁内力图的主要方法有三种,它们分别是内力方程法、控制截面法、叠加法。
① 内力方程法是指建立剪力方程和弯矩方程,根据所列方程绘制剪力图和弯矩图。
② 控制截面法(又称简捷法)是运用荷载、剪力和弯矩之间的规律来绘制梁的内力图。
③ 叠加法是运用叠加原理绘制梁的内力图。

（2）绘制梁内力图的基本要求是:绘制剪力图时,将正剪力绘于杆件轴线上侧,负剪力绘于杆件轴线下侧,并标明正负号;绘制弯矩图时,将正弯矩绘于杆件轴线下侧,负弯矩绘于杆件轴线上侧,可不注明正负号。

5. 梁上内力变化的规律

（1）在梁上集中力作用点处的左右两个侧面,剪力值发生突变,突变量的绝对值等于该集中力的数值,弯矩值不变;在该点处剪力图出现跳跃现象,弯矩图发生转折形成一个尖角。

（2）在梁上集中偶作用处的左右两侧面,剪力值没有变化,弯矩值发生突变,突变量的绝对值等于该集中力偶的力偶矩数值;在该点处剪力图无变化,弯矩图出现跳跃现象。

（3）在梁上无荷载作用的区段,其剪力图是平行于梁轴线的直线,弯矩图是一条直线。

（4）在水平梁上有均布荷载作用的区段,剪力图为一条斜直线,弯矩图为二次抛物线,且其凸向与均布荷载的指向一致;在剪力为零的截面处,弯矩存在极值。

（5）不受外力偶作用的梁端点截面处的弯矩值一定为零。

6. 用控制截面法绘制梁内力图的步骤

（1）计算支座反力(对于悬臂梁由于其一端为自由端,所以可以不求支座反力)。
（2）根据梁的受力情况将梁划分成若干段。
其分段点包括梁端截面、集中力作用截面、集中力偶的作用截面、分布荷载起止截面。
（3）定性判断:依据各梁段上的荷载情况,根据规律确定其对应的内力图的形状。
（4）定量计算:确定控制截面,分别计算出各个控制截面的剪力值、弯矩值。
（5）画图:依据(3)(4)两步的结果分别绘制出梁的剪力图和弯矩图。
注:上述记流水账式的(2)(3)(4)三个步骤的结果可以采用表格式来表达,表头如下:

梁段名称	梁段的受载情况	剪力图		弯矩图	
		线形	控制值	线形	控制值

7. 平面弯曲梁横截面上各点的应力计算公式

（1）正应力计算公式: $\sigma = \dfrac{|M|}{I_z} \cdot y$

(2) 剪应力计算公式：$\tau = \dfrac{|V| \cdot S_z^*}{I_z \cdot b}$

8. 平面弯曲梁的正应力强度计算

(1) 平面弯曲梁的正应力强度条件
为了保证梁能安全可靠地工作，必须使梁上的最大工作应力不超过材料的许用应力。

$$\sigma_{\max} = \frac{M_{Z\max}}{W_Z} \leqslant [\sigma]$$

(2) 梁的强度条件是我们对梁进行强度计算的依据，根据强度条件可以解决三种强度计算问题，分别是强度校核、截面设计和荷载设计。

8. 提高梁抗弯强度的措施

要提高梁的弯曲强度主要需要从降低梁上的最大弯矩和提高梁的抗弯截面系数这两个方面着手。具体措施主要有：合理安排梁的受力情况、合理布置梁的支座、选择抗弯截面模量 W_z 与截面面积 A 比值高的截面、根据材料的特性选择梁的截面、采用变截面梁等。

9. 梁的变形计算及刚度校核

(1) 计算梁的变形的方法有二次积分法和叠加法两种。

(2) 梁的刚度条件可表示为 $\dfrac{f}{l} = \left[\dfrac{f}{l}\right]$。

根据梁的刚度条件，可进行三种刚度计算：刚度校核、截面设计和确定许可荷载。
工程设计中，都是先按强度条件进行梁的设计，再对刚度条件进行刚度校核。

10. 提高梁抗弯刚度的措施

提高梁的弯曲刚度要从截面、荷载、支座情况、跨度、材料等方面着手，具体措施主要有：选择合理的截面形状、合理安排梁上的荷载、调整跨度、改变结构、选择优质的材料等。

重点及难点分析

1. 这一部分的重点有两个：第一个是巩固截面法，计算梁横截面上的内力，掌握单跨静定梁的内力图绘制方法和技巧，特别是绘制梁弯矩图的方法和技巧；第二个是平面弯曲梁的正应力强度计算。

2. 这一部分的难点有两个：第一个是如何迅速准确地绘制出单跨静定梁的内力图，确定梁上最大内力的数值和位置；第二个是中性轴不是截面对称轴且材料为抗拉和抗压能力不相同的平面弯曲梁的正应力强度计算。

典型例题解析

【例 6-1】　一简支梁，其受力如图 6-1(a)所示，试用截面法计算梁上 1-1 横截面的剪力和弯矩。

解:(1) 计算支座反力

画出简支梁的受力图如图 6-1(b)所示。

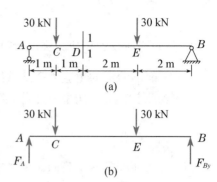

$$\sum M_B = 0, -6F_A + 30 \times 5 + 30 \times 2 = 0$$

得 $F_A = \dfrac{30 \times 5 + 30 \times 2}{6} = 35 \text{ kN}(\uparrow)$;

$$\sum M_A = 0, 6F_{By} - 30 \times 1 - 30 \times 4 = 0$$

得 $F_{By} = \dfrac{30 \times 1 + 30 \times 4}{6} = 25 \text{ kN}(\uparrow)$

校核:$\sum Y = F_A - 30 - 30 + F_{By} = 0$,计算无误。

(2) 用截面法计算 1-1 横截面的剪力和弯矩

假想用一平面沿 1-1 截面将梁 AB 截开分为两部分,取左侧梁段为研究对象,其受力如图 6-1(c)所示。

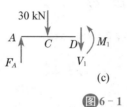

由 $\sum Y = 0, F_A - 30 - V_1 = 0$ 得 $V_1 = 5 \text{ kN}$;

由 $\sum M_D = 0, -2F_A + 30 \times 1 + M_1 = 0$ 得

$M_1 = 40 \text{ kN} \cdot \text{m}$

图6-1

解题指导

用截面法计算梁指定横截面上的内力,一般需要先计算出梁的支座反力,再沿所求内力处将梁截开分为两部分,取其中一部分作为研究对象(当然是哪一侧好计算就选取哪一侧),绘制其受力图,注意未知内力(剪力和弯矩)在受力图中均应按正向假设。

【例 6-2】 请运用直接观察法计算图 6-2(a)所示简支梁上 1-1、2-2、3-3、4-4 横截面的剪力和弯矩。

解:(1) 计算支座反力

画出简支梁的受力图如图 6-2(b)所示。

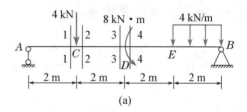

$\sum M_B = 0, -8F_A + 4 \times 6 + 8 + 4 \times 2 \times 1 = 0$ 得 $F_A = \dfrac{4 \times 6 + 8 + 4 \times 2 \times 1}{8} = 5 \text{ kN}(\uparrow)$;

$\sum M_A = 0, -4 \times 2 + 8 - 4 \times 2 \times 7 + 8F_{By} = 0$ 得 $F_{By} = \dfrac{4 \times 2 - 8 + 4 \times 2 \times 7}{8} = 7 \text{ kN}(\uparrow)$

校核:$\sum Y = F_A - 4 - 4 \times 2 + F_{By} = 0$,计算无误。

(2) 运用规律计算 1-1、2-2、3-3、4-4 截面上的剪力和弯矩

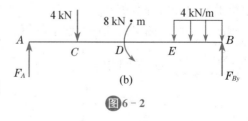

图6-2

剪力:$V_1=F_A=5$ kN,$V_2=F_A-4=5-4=1$ kN,$V_3=V_4=F_A-4=5-4=1$ kN
弯矩:$M_1=M_2=2F_A=10$ kN·m,$M_3=4F_A-4\times2=12$ kN·m
$$M_4=4F_A-4\times2-8=4 \text{ kN·m}$$

解题指导

　　用直接观察法计算梁的内力,与用截面法计算梁的内力一样,一般都需要先计算梁的支座反力。运用直接观察法计算梁横截面上的剪力和弯矩,需掌握正负号的取值技巧:左上剪力正、左下剪力负、右上剪力负、右下剪力正;左顺弯矩正、左逆弯矩负、右顺弯矩负、右逆弯矩正。

【例6-3】　请用内力方程法绘制如图6-3(a)所示外伸梁 AB 的内力图。

解:(1) 计算支座反力

画出梁的受力图如图6-3(b)所示。

$$\sum M_B=0,4\times5-4F_{Dy}+2\times4\times2=0 \text{ 得}$$

$$F_{Dy}=\frac{4\times5+2\times4\times2}{4}=9 \text{ kN}(\uparrow);$$

$$\sum M_D=0,4\times1-2\times4\times2+4F_B=0 \text{ 得}$$

$$F_B=\frac{2\times4\times2-4\times1}{4}=3 \text{ kN}(\uparrow)$$

校核:$\sum Y=-4+F_{Dy}-10\times4+F_B=0$,
计算无误。

(2) 依据梁的受力情况把该梁分为 AC、CD、DB 三段。

(3) 分别列出各梁段的剪力方程和弯矩方程

以 A 点为坐标原点,建立坐标系,计算距 A 点为 x 处截面上的剪力和弯矩:

AC 段:$V(x)=0(0<x<1)$,$M(x)=0(0\leqslant x\leqslant1)$;

CD 段:$V(x)=-4(1<x<2)$,$M(x)=-4(x-1)(1\leqslant x\leqslant2)$;

DB 段:$V(x)=-4+F_{Dy}-2(x-2)=9-2x(2<x<6)$,

$$M(x)=-4(x-1)+F_{Dy}(x-2)-\frac{2(x-2)^2}{2}=-x^2+9x-18(2\leqslant x\leqslant6)$$

(4) 依据梁的剪力方程绘制剪力图

AC 段剪力方程为常数,其剪力图为平直线,当 $x=0$ 时,$V_A^R=0$,当 $x=1$,时 $V_C^L=0$;CD 段剪力方程为常数,其剪力图为平直线,当 $x=1$ 时,$V_C^R=-4$ kN,当 $x=2$ 时,$V_D^L=-4$ kN;DB 段剪力方程为一次函数,其剪力图为斜直线,当 $x=2$ 时,$V_D^R=5$ kN;当 $x=6$ 时,$V_B^L=-3$ kN;绘制剪力图如图6-3(c)所示。

(5) 依据梁的弯矩方程绘制弯矩图

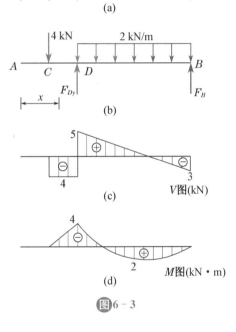

图6-3

AC 段弯矩方程为常数,弯矩图为平直线,当 $x=0$ 时,$M_A=0$;当 $x=1$ 时,$M_C=0$;CD 段弯矩方程为一次函数,弯矩图为斜直线,当 $x=1$ 时,$M_C=0$;当 $x=2$ 时,$M_D=-4\ \text{kN}\cdot\text{m}$;$DB$ 段弯矩方程为二次函数,弯矩图为二次抛物线,当 $x=2$ 时,$M_D=-4\ \text{kN}\cdot\text{m}$;当 $x=4$ 时,$M_{BD跨中}=2\ \text{kN}\cdot\text{m}$;当 $x=6$ 时,$M_B=0$。绘制弯矩图如图 6-3(d)所示。

解题指导

用内力方程法绘制梁的内力图,应先计算梁的支座反力,再以梁的左端为坐标原点建立坐标系,分段列出梁的剪力方程和弯矩方程,依据内力方程中内力与自变量 x 的函数关系判断出内力图的线形,计算出各分段点处的剪力值和弯矩值及其他必要的内力值,绘制内力图。

【例 6-4】 请用控制截面法绘制如图 6-4(a)所示外伸梁的内力图,并确定梁上的最大内力。

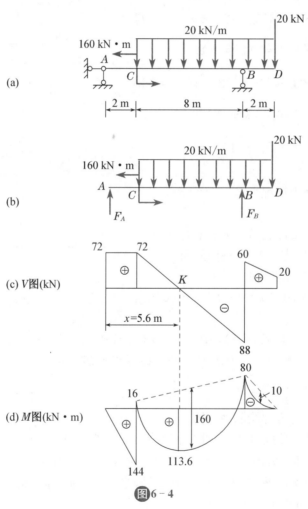

图6-4

解:(1) 计算梁的支座反力

取外伸梁 AD 为研究对象,绘制出梁的受力图如图 6-4(b)所示。

$\sum M_B(F)=0, -F_A \times 10+160+20 \times 10 \times 3-20 \times 2=0, F_A=72$ kN($\uparrow$)

$\sum M_A(F)=0, 160-20 \times 10 \times 7+F_B \times 10-20 \times 12=0, F_B=148$ kN($\uparrow$)

(2) 列表

段名	q 情况	剪力图情况		弯矩图情况	
		线形	控制值(kN)	线形	控制值(kN·m)
AC	$q=0$	平直线	$V_{AC}=V_{CA}=72$	直线	$M_{AC}=0$ $M_{CA}=144$
CB	$q=c$	斜直线	$V_{CB}=72$ $V_{BC}=-88$	下凸的二次抛物线	$M_{CB}=-16$ $M_{BC}=-80$
BD	$q=c$	斜直线	$V_{BD}=60$ $V_{DB}=20$	下凸的二次抛物线	$M_{BD}=-80$ $M_{DB}=0$

注:在外力作用处,可能会出现截面两侧的某些内力分量产生突变,为了使内力的表示符号不致出现混淆,我们采用双字母下标来表示内力,其中第一个下标表示内力所处的位置,第二个下标和第一个下标一起来表示内力所属的杆段,如 M_{AC} 表示梁上 AC 杆段 A 端的弯矩,M_{CA} 表示梁上 AC 杆段 C 端的弯矩。

(3) 绘制内力图

① 剪力图:根据计算结果绘制出梁的剪力图如图 6-4(c)所示。

② 弯矩图:

BC 段中点处弯矩值为

$$M_{BC}^{中}=\frac{M_{CB}+M_{BC}}{2}+\frac{ql^2}{8}=\frac{-16-80}{2}+\frac{20 \times 8^2}{8}=112 \text{ kN} \cdot \text{m}$$

在 BC 段 K 截面剪力为 0 处弯矩有极值

$$\frac{72}{x-2}=\frac{88}{10-x}, x=5.6 \text{ m}$$

$$M_{极值}=72 \times 5.6-160-20 \times \frac{(5.6-2)^2}{2}=113.6 \text{ kN} \cdot \text{m}$$

BD 段中点处的弯矩值为

$$M_{BD}^{中}=\frac{M_{BD}+M_{DB}'}{2}+\frac{ql^2}{8}=\frac{-80+0}{2}+\frac{20 \times 2^2}{8}=-30 \text{ kN} \cdot \text{m}$$

根据计算结果画出梁的弯矩图如图 6-4(d)所示。

(4) 确定最大内力值

由弯矩图可知:最大正弯矩发生在 C 左截面,其值为 $M_{max}=144$ kN·m,最大负弯矩发生在 B 处截面,其值为 $|M_{max}|=80$ kN·m。

由剪力图可知:最大剪力发生在 B 左截面,其值为 $|V_{max}|=88$ kN。

解题指导

用控制截面法绘制梁的内力图,如果采用记流水账的方式需要五个步骤,若采用表格式则只需要三个步骤。

采用表格式的好处是把一个大的计算题变成了填空题,而且计算结果清楚明了。

不论采用哪种方法绘制梁的内力图一般都需要经过"先计算梁的支座反力,再将梁分段,计算控制截面处的剪力值和弯矩值,最后绘制内力图"这个流程,绘制梁内力图的目的就是找到梁上最大内力的数值和位置,绘制梁内力图的难点是确定梁上弯矩的极值,但是一定要注意极值不一定是最大值。

【例6-5】 如图6-5(a)所示,一钢制矩形截面外伸梁,截面尺寸如图6-5(b)所示,承受 $F_1=80$ kN, $F_2=40$ kN作用,许用应力 $[\sigma]=160$ MPa,请校核该梁的正应力强度。

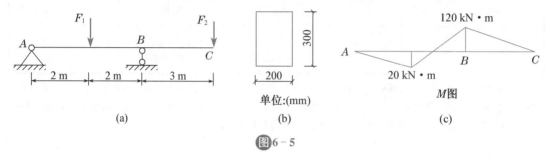

图6-5

解:(1) 绘制弯矩图如图6-5(c)所示,由图可知: $|M|_{max}=120$ kN·m

(2) 计算梁的抗弯截面模量: $W_z=\dfrac{bh^2}{6}=\dfrac{200\times300^2}{6}=3\times10^6$ mm³

(3) 计算梁上的最大正应力: $\sigma_{max}=\dfrac{|M|_{max}}{W_z}=\dfrac{120\times10^6}{3\times10^6}=40$ MPa $<[\sigma]=160$ MPa

(4) 结论:该梁满足正应力强度条件要求。

解题指导

要校核梁的正应力强度,首先要正确绘制出梁的弯矩图,并找出最大弯矩;然后再根据梁的截面形状和尺寸,计算出抗弯模量;最后是利用弯曲正应力强度公式 $\sigma_{max}=\dfrac{|M_{max}|}{W_z}$ $\leqslant[\sigma]$ 进行校核。若满足条件,说明梁满足正应力强度条件要求;否则说明梁不满足正应力强度要求,需要进行重新设计。

【例6-6】 由两根16b号槽钢组成的外伸梁,梁上作用荷载如图6-6所示,已知 $l=6$ m,钢材的容许应力 $[\sigma]=170$ MPa,试确定该梁所能承受的最大荷载 F_{max}。

解:(1) 绘制出梁的弯矩图如图6-6(b)所示。由图可知,梁的最大弯矩为:

$$|M_{max}|=\frac{F\cdot l}{3}=2F$$

(2) 查表得: $W_z=117\times2=234$ cm³ $=234\times10^{-6}$ m³

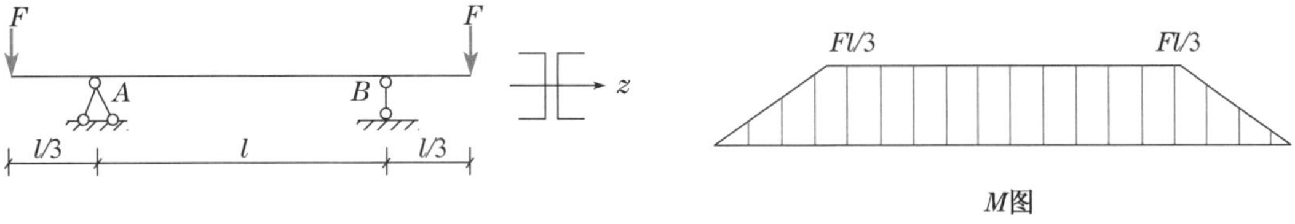

(a)　　　　(b)

图6-6

(3) 根据梁弯曲正应力强度条件 $\sigma_{max}=\dfrac{|M_{max}|}{W_z}\leqslant[\sigma]$得：$|M_{max}|\leqslant W_z\cdot[\sigma]$，即 $2F\leqslant W_z\cdot[\sigma]$，$F\leqslant\dfrac{W_z\cdot[\sigma]}{2}=\dfrac{234\times10^{-6}\times170\times10^{6}}{2}=19\ 890\ \text{N}=19.89\ \text{kN}$

所以该梁所能承受的最大荷载为$[F]=19.89$ kN。

解题指导

在对梁进行正应力强度计算时，不论是哪一种强度计算都必须首先要正确绘制出梁的弯矩图，并找出最大弯矩，有时还需要对最大正弯矩、最大负弯矩所在截面分别进行计算。

在对梁进行正应力强度计算时，还有一个关键问题需要读者注意：公式中各个量之间的单位要配套，一般都是统一到与应力的常用单位兆帕相匹配。

自我检测练习题

练习题答案

一、判断题

1. 最大内力所在的截面一定是危险截面。　(　　)
2. 梁最大挠度处的截面转角必定为零。　(　　)
3. 矩形截面梁的剪应力沿截面高度呈线性分布。　(　　)
4. 提高 W_z 和降低 M_{max} 都能减少梁的最大正应力。　(　　)
5. 在其他条件相同的情况下，梁的 EI 值愈大，梁的变形就愈小。　(　　)
6. 同等情况下，塑性材料的安全因数比脆性材料的安全因数要大。　(　　)
7. 纯弯曲梁横截面上任一点，既有正应力也有剪应力。　(　　)
8. 集中力左右两侧面的剪力值相等。　(　　)

二、填空题

1. 当梁受力弯曲后，某横截面上只有弯矩而无剪力，这种弯曲称为__________。
2. 对于工程上某梁，在不允许改变梁的长度和抗弯刚度的前提下，在结构上增加____________可提高梁的刚度。

3. 从提高梁弯曲刚度的角度出发,较为合理的梁横截面应该是:以较小的横截面面积获得较大的_____。

4. 根据强度条件可以解决强度计算的三类问题,分别是_____、_____和_____。

5. 弯曲正应力沿截面高度呈_____分布,中性轴处_____,上下边缘处_____。

6. 提高梁的弯曲强度,主要有两种途径:_____和_____。

7. 工程中,计算梁变形常用的两种方法是_____和_____。

8. 矩形截面梁横截面上的剪应力沿截面高度呈_____分布,中性轴处_____,上下边缘处_____。

9. $W_z = I_z / y_{max}$ 称为_____,它反映了梁的_____和_____对弯曲强度的影响,W_z 值愈大,梁中的最大正应力就愈_____。

10. 工程上常见的单跨静定梁可分为三种,分别是:_____、_____和____。

11. 中性轴将梁的横截面分为_____和_____两个区域。

12. 绘制梁内力图的方法主要有_____、_____、_____,其中最基本的方法是_____。

三、选择题

1. T 形截面梁的弯矩图如图 6-7 所示,已知 $a > b$,下列说法正确的是　　　　（　　）

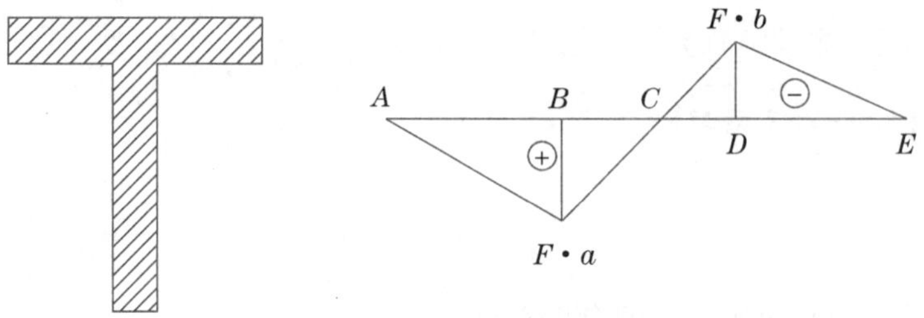

图6-7

　　A. 梁横截面上的最大拉应力和最大压应力位于同一截面

　　B. 最大拉应力位于 B 截面,最大压应力位于 D 截面

　　C. 最大拉应力位于 D 截面,最大压应力位于 B 截面

　　D. 最大拉应力、最大压应力的位置无法确定

2. 内径为 d、外径为 D 的空心圆截面梁,其抗弯截面模量为　　　　（　　）

　　A. $\dfrac{\pi}{16}(D^3 - d^3)$　　　　　　　　B. $\dfrac{\pi}{32}(D^3 - d^3)$

　　C. $\dfrac{\pi D^3}{16}\left[1 - \left(\dfrac{d}{D}\right)^4\right]$　　　　　　D. $\dfrac{\pi D^3}{32}\left[1 - \left(\dfrac{d}{D}\right)^4\right]$

3. 以下能够提高梁的抗弯能力的措施是　　　　　　　　　　　　　　（　　）

　　A. 增加梁的长度　　　　　　　　B. 增加支座

C. 将分布荷载变成集中荷载　　　D. 减小 W_z

4. 两根$(b \times h)$矩形截面的木梁叠合在一起,两端受力偶矩为 M_0 的力偶作用如图 6-8 所示,则该组合梁的抗弯截面模量 W_z 为　　　　　（　　）

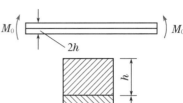

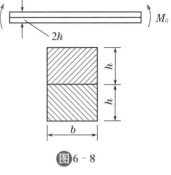

图6-8

   A. $\dfrac{1}{6}bh^2$

   B. $2\left(\dfrac{1}{6}bh^2\right)$

   C. $\dfrac{1}{6}b(2h)^2$

   D. $\dfrac{1}{6} \times (2h)b^2$

5. 平面弯曲梁横截面上离中性轴距离相同的各点处正应力是_____的　　　（　　）

   A. 相同　　　　　　B. 随截面形状的不同而不同

   C. 不相同　　　　　D. 有的地方相同,而有的地方不相同

6. 在平面弯曲时,梁的中性轴与其纵向对称面是相互_____的　　　（　　）

   A. 平行　　　　　B. 垂直　　　　　C. 成任意夹角　　D. 无法确定

7. 设计钢梁时,宜采用中性轴为_____的截面　　　　　　　　（　　）

   A. 对称轴　　　　　　　　　　　B. 偏于受拉边的非对称轴

   C. 偏于受压边的非对称轴　　　　D. 对称或非对称轴

8. 设计铸铁梁时,宜采用中性轴为(　　)的截面。

   A. 对称轴　　　　　　　　　　　B. 偏于受拉边的非对称轴

   C. 偏于受压边的非对称轴　　　　D. 对称或非对称轴

9. 若梁截面采用如图 6-9 所示两种形式,则两种情况下的应力比值 σ_a/σ_b　　（　　）

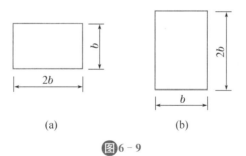

(a)　　　　　　　　(b)

图6-9

   A. 2/1　　　　　B. 1/2　　　　　C. 1/4　　　　　D. 4/1

10. 如图 6-10 所示,其跨中最大的弯矩值为　　　　（　　）

   A. ql　　　　　B. $ql/2$

   C. $ql/4$　　　　D. $ql^2/8$

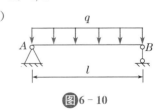

图6-10

11. 如图 6-11 所示,其最大弯矩发生在(　　　)。

    A. A 截面　　　　B. 跨中截面　　　　C. B 截面　　　　D. AB 梁各截面

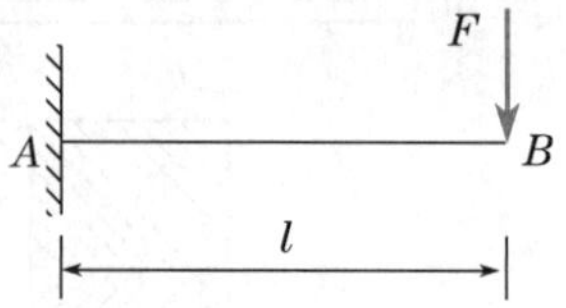

图6-11 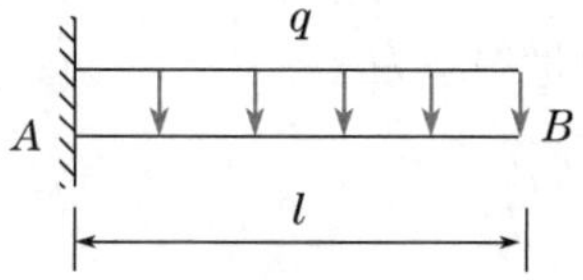　　　　　　　　　图6-12

12. 梁受力如图 6-12 所示,B 截面的剪力值　　　　　　　　　　(　　　)

    A. $ql/2$　　　　B. ql　　　　C. ql^2　　　　D. 0

四、简答题

1. 简述梁横截面上正应力的分布规律。

2. 提高梁弯曲正应力强度的措施有哪些?

3. 扁担为什么易在中间折断? 跳水比赛用的跳水板为什么易在固定端处折断?

4. 你用一只手去抓单杠与用双手去抓单杠,单杠发生的变形一样吗? 哪种情况的单杠变形大? 为什么?

五、绘图题

1. 已知 $F=30$ kN, $a=3$ m, $b=2$ m, 请绘制图 6-13 所示简支梁的弯矩图。

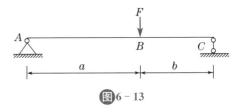

图 6-13

2. 已知 $F=20$ kN, $a=1.5$ m, $l=4.5$ m, 请绘制图 6-14 所示外伸梁的弯矩图。

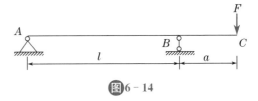

图 6-14

3. 试用叠加法绘制图 6-15 所示各梁的弯矩图。

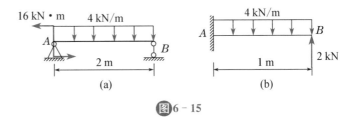

图 6-15

六、计算并绘图题

1. 试用控制截面法绘制图 6-16 所示各梁的剪力图和弯矩图。

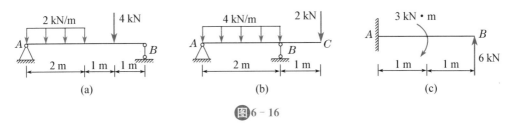

图 6-16

2. 已知 $F_1 = 30$ kN，$F_2 = 12$ kN，请绘制图 6–17 所示简支梁的内力图。

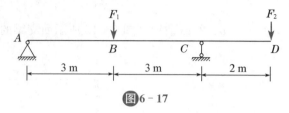

图 6–17

七、计算题

1. 请分别用截面法和直接观察法计算图 6–18 所示各梁指定横截面上的内力。

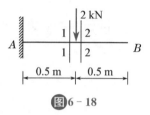

图 6–18

2. 请计算如图 6–19 所示矩形截面梁 A 右截面上 a、b、c 三点处的正应力。

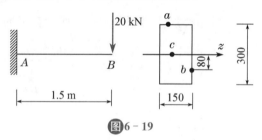

图 6–19

3. 矩形截面外伸梁如图 6–20 所示，材料的许用拉应力和许用压应力均为 $[\sigma] = 50$ MPa。已知：$b/h = 1/3$，试根据弯曲正应力强度条件确定梁的截面尺寸 b、h。

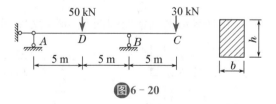

图 6–20

4. 某外伸梁采用 22a 工字钢制成,承受荷载如图 6－21 所示,已知材料的 $[\sigma]=$ 160 MPa,试校核该梁的正应力强度。

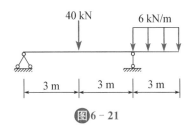

图 6－21

5. 如图 6－22 所示,简支梁由两根槽钢组成,钢材的许用应力 $[\sigma]=170$ MPa,试按正应力强度条件选择槽钢的型号。

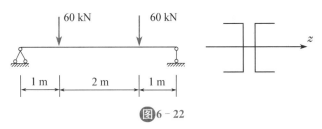

图 6－22

6. 如图 6－23 所示简支梁,材料为 20a 热轧普通工字型钢,钢的容许应力 $[\sigma]=$ 160 MPa,求 F 的许可值。

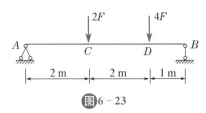

图 6－23

7. 用截面法计算如图 6－24(a)、(b)所示各梁指定截面上的剪力和弯矩。

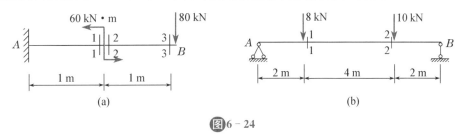

图 6－24

• 69 •

8. 用叠加法计算图 6-25 所示简支梁转角 θ_A、θ_B 及挠度 y_C,已知梁的抗弯刚度 EI 为常数。

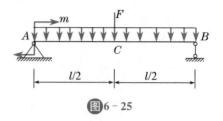

图 6-25

9. 矩形截面悬臂梁如图 6-26 所示,已知 $b \times h = 100 \times 200$ mm², $\left[\dfrac{f}{l}\right] = \dfrac{1}{250}$, $[\sigma] = 120$ MPa, $[\tau] = 100$ MPa, $E = 2 \times 10^5$ MPa,请校核该梁的强度、刚度。

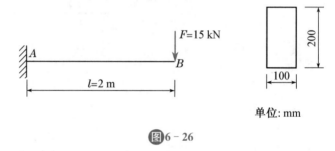

图 6-26

10. T 形截面外伸梁如图 6-27 所示,材料的许用应力 $[\sigma_t] = 30$ MPa、$[\sigma_c] = 80$ MPa,试校核该梁的正应力强度。

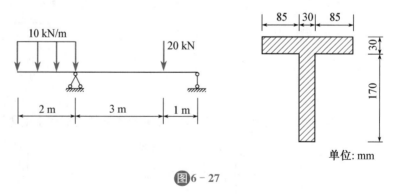

图 6-27

(注:扫描目录二维码获取全书习题答案。)

第7章
平面杆件结构简介

▶▶▶ 学习的基本要求

1. 了解几何不变体系和几何可变体系的概念；
2. 了解几何组成分析的目的；
3. 理解并掌握几何不变体系的简单组成规则；
4. 能够判别简单的平面杆件体系的类型；
5. 了解超静定结构的概念及特性；
6. 了解超静定结构与静定结构的区别；
7. 了解结构位移的概念以及计算结构位移的目的；
8. 熟悉并理解常见的平面静定结构的组成特点和受力特征。

▶▶▶ **知识要点概述**

1. 平面杆件体系的几何组成分析

(1) 平面杆件体系的概念及其分类

在同一平面内的若干个杆件通过一定的约束连接在一起组成的体系称为平面杆件体系。

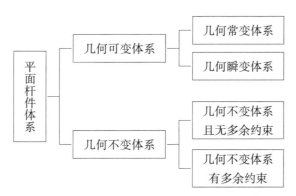

>**注意**:在受外力作用时,几何形状发生微小改变后,运动不能持续进行下去的几何可变体系称为瞬变体系。瞬变体系是几何可变体系的一种特殊情况,它是不能作为结构使用的。

(2) 几何组成分析的目的

站在几何角度对平面杆件体系的组成情况进行分析的过程称为几何组成分析,其目的有：① 判定体系能否作为工程结构使用；② 判定结构是静定结构还是超静定结构，以选择结构的计算方法；③ 研究结构的几何组成规律和合理形式，便于设计出合理的结构。

（3）刚片的概念及其分类

杆件受力后的变形相对于原来尺寸是很微小的，故在进行几何组成分析时，不考虑杆件的变形，把每根杆件都看作刚体，平面内的刚体又称刚片。

刚片包括固定刚片和自由刚片两种类型。

（4）体系的约束与自由度

一个体系的自由度，是指该体系在运动时，确定其位置所需的独立坐标的数目。

使体系减少自由度的装置或连接称为约束（联系）。常见的约束类型有链杆、铰、刚性连接、固定端支座等形式。

（5）二元体与铰接三角形

由两根不共线的链杆铰接在一起组成的体系称为二元体。

三根直杆用不在同一直线上的三个铰两两相连组成的体系称为铰接三角形。铰接三角形是最基本、最简单、最常见的几何不变体系。其体系规律也称为铰接三角形规律。

（6）几何不变体系的简单组成规则

① 二元体规则。在一个刚片上增加一个二元体，则组成的体系是几何不变体系且无多余约束，或者表述为一个点和一个刚片用两根不共线的链杆相连组成无多余约束的几何不变体系。在体系中增加一个或拆除一个二元体，不改变原体系的几何不变性或几何可变性。

② 两刚片规则。两个刚片用一个铰和一根不通过此铰的链杆相连，则组成的体系是几何不变体系，且无多余约束。

两刚片用三个既不完全汇交又不完全平行的链杆相连，组成的体系是几何不变体系，且无多余约束。

③ 三刚片规则。三个刚片用不在同一直线三个单铰两两相连，组成的体系为几何不变体系，且无多余约束。

2. 多跨静定梁

（1）多跨静定梁的概念及其特点

多跨静定梁是指由若干个杆件用铰连接在一起，并用一定数量的支座支承于地基、基础或其他固定不动的物体之上所形成的静定结构。

根据多跨静定梁的几何组成情况，可以将其各部分区分为基本部分和附属部分。凡在荷载作用下能独立维持平衡的部分称为基本部分；凡在荷载作用下需要依靠其他部分帮助才能维持平衡的部分称为附属部分。

在不受外力偶作用的铰接点处弯矩一定为零。

作用于基本部分的荷载对附属部分没有影响，而作用于附属部分的荷载则一定会通过约束传至基本部分。

（2）计算多跨静定梁、绘制多跨静定梁内力图的步骤

根据多跨静定梁的几何组成及受力特征，在计算多跨静定梁时先计算附属部分，再计算基本部分，按组成顺序的逆过程进行，由此可以将多跨静定梁简化为单跨静定梁分别计算，

最后将各单跨静定梁的内力图连在一起,就得到整个多跨静定梁的内力图。其内力计算绘制内力图的步骤如下:

① 绘制层次图;

② 绘制受力图;

③ 计算梁上的约束反力;

④ 计算梁上各控制截面的内力并绘制梁的内力图。

3. 平面静定刚架

(1)刚架的概念及其特点

刚架是由若干个直杆(梁和柱)组成的具有刚结点(或刚性连接)的结构。

刚结点与铰接点的区别:在几何变形方面,在刚结点处所连接的各杆受力变形后,各杆杆端的夹角保持不变;铰接点所连接的各杆可以发生相对转动。在受力分析方面,刚结点能传递力和力矩;而铰接点只能传递力。

刚架的特点有:杆件的弯曲变形较大,弯矩是主要内力;弯矩分布比较均匀,其峰值比一般铰接体系小,可以节省材料;杆件数量少,内部空间大,便于使用。

(2)平面静定刚架的种类

凡由静力平衡条件可确定全部反力和内力的平面刚架,称为平面静定刚架。平面静定刚架又可分为悬臂刚架、简支刚架、三铰钢架、组合刚架等形式。

(3)刚架的内力

刚架中各杆横截面上一般同时存在三种内力,分别是弯矩、剪力和轴力,其中弯矩是刚架结构的主要内力。

(4)平面静定刚架内力分析计算的一般步骤为:

① 计算约束反力;

② 分段;以集中力作用点、集中力偶作用点、分布荷载的起止点、杆件端点及其连接点作为分段点,把刚架分成若干个杆段;

③ 判断各杆段的内力图的线形;

④ 计算控制截面内力值;

⑤ 绘制内力图。

4. 平面静定桁架

(1)桁架与理想桁架

① 由若干个直杆在两端用铰链连接组成的结构称为桁架。

② 理想桁架。满足下列假定的桁架称为理想桁架;连接杆件的各结点,是无任何摩擦的理想铰;各杆件的轴线都是直线,都在同一平面内,并且都通过铰的中心;荷载和支座反力都作用在结点上,并位于桁架平面内。

(2)平面静定桁架的分类

组成桁架各杆的轴线和荷载的作用线都在同一平面内的静定桁架称为平面静定桁架。常用的平面静定桁架分类方式有:

① 按几何组成情况通常把桁架分成简单桁架、联合桁架和复杂桁架三种类型;

② 按外形和组成特点,通常把桁架分为平行弦桁架、折线形桁架、三角形桁架、梯形桁架、抛物线形桁架等。

(3) 零杆

在桁架结构中,我们把杆件轴力为零的杆统称为零杆。

5. 三铰拱

在竖向荷载作用下,会产生水平反力的曲杆结构称为拱。

三铰拱是由两个曲杆刚片与基础由三个不共线的铰两两相连组成的静定结构。

若在某种荷载下,拱所有截面的弯矩均为零,即 $M=0$,这时该拱的轴线称为合理拱轴线。不同类型的荷载作用下,拱具有不同的合理拱轴线。

6. 组合结构

组合结构是由只承受轴力的二力杆(即链杆)和承受弯矩、剪力、轴力的梁式杆组合而成。

7. 超静定结构

(1) 从几何组成分析方面来说,是指具有几何不变性而又有多余约束的结构;从结构的支座反力和内力计算方面来说,是指只用静力平衡条件是不能完全确定的结构。

(2) 超静定结构计算的基本方法有力法和位移法两种。

(3) 超静定结构中多余约束的数目称为超静定次数。

(4) 超静定结构的特性:

① 具有多余约束,在多余约束遭到破坏后仍能维持其几何不变性,具备一定的承载能力;

② 内力仅由静力平衡条件无法全部确定,还需同时考虑位移条件;

③ 内力分布比较均匀;

④ 局部荷载作用时影响的范围大;

⑤ 支座位移、温度改变、材料收缩、制造误差等因素,通常都可能引起内力;"没有荷载,就没有内力。"这个结论只适用于静定结构,而不适用于超静定结构;

⑥ 在荷载作用下,当结构刚度不成比例改变时,则引起其内力的重新分布;在非荷载因素的作用下,结构刚度的改变也将引起内力的重新分布。

8. 结构位移的概念及其计算

(1) 结构位移的概念及其分类

结构在荷载作用、温度变化、支座移动、制造误差与材料收缩等因素影响下,将发生尺寸和形状的改变,这种改变称为变形。结构变形后,其上各点的位置会有变动,这种位置的变动称为位移。结构的位移通常有两种:线位移和角位移。

(2) 结构位移的计算方法

计算结构位移的方法有积分法和图乘法两种。

1. 这一部分的重点有：几何不变体系的组成规则、常见平面静定结构的受力特点、超静定结构的特点。

2. 这一部分的难点是：平面杆件体系类型的判别、多跨静定梁的内力计算、平面静定刚架的内力计算。

典型例题解析

【例 7-1】　试对如图 7-1 所示的结构进行几何组成分析。

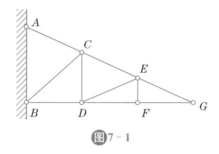

图 7-1

解：(1) 计算平面杆件体系的自由度

将图 7-1 所示体系视为铰接体系，则铰接点数 $j=7$，杆件数 $b=10$，支座链杆数 $s=4$（点 A 和点 B 是固定铰支座，每个固定铰支座相当于两根支座链杆，共 4 根），于是，有

$$W=2j-b-s=2\times7-10-4=0$$

体系自由度等于零，说明该体系满足几何不变的必要条件。

(2) 对平面杆件体系进行几何组成分析

解法一：刚片扩大法（组装法）

将地基基础视为一个刚片，依次增加二元体（CA、CB）、（DC、DB）、（EC、ED）、（FE、FD）、（GE、GF）就可以安装组成图示平面杆件体系，由此可知原平面杆件体系为无多余约束的几何不变体系。

解法二：体系简化法

在图 7-1 中的 G 点处有一个二元体（GE、GF），拆除后，结点 F 处暴露出一个二元体（FE、FD），再拆除后又暴露出新的二元体，以此类推，不断拆除二元体（EC、ED）、（DC、DB）、（CA、CB），剩下地基基础，说明原体系为无多余约束的几何不变体系。

解题指导

根据几何不变体系的简单组成规则来判别体系的几何不变性，规则本身是简单浅显的，但规则的运用则变化无穷。

结构的几何组成分析的基本方法之一是组装法：从地基基础出发进行分析——先将地基基础看作为一个刚片，把与地基基础相邻的某些杆件按照几何组成规则装配到地基基础上，形成一个基本刚片。然后，由近及远、由小到大、逐个的按照几何组成规则将若干杆件装配到这个基本刚片上,直至形成整个体系。

结构的几何组成分析的基本方法之二是体系简化法:对于较复杂的体系也可以采用把折杆用直杆代替、拆除二元体、暂时先不考虑地基基础等方式使体系简化,然后再用三个基本组成规则去分析它们,这种方法称为体系简化法。

【例 7 - 2】 试对图 7 - 2 所示体系进行几何组成分析。

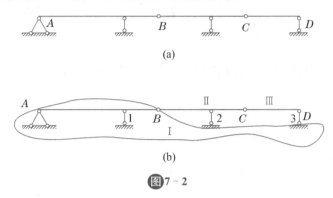

图 7 - 2

解:(1) 计算体系的自由度

图 7 - 2(a)所示平面体系与地基基础用 5 根支座链杆相连,把体系视为刚片系,则刚片数 $m=3$,刚结点数 $g=0$,铰接点数 $h=2$,支座链杆数 $s=5$,于是,有

$$w=3m-(3g+2h+s)=3\times3-(3\times0+2\times2+5)=0$$

体系的自由度等于零,说明该体系满足几何不变的必要条件。

(2) 对平面杆件体系进行几何组成分析

如图 7 - 2(a)所示则把地基看作为一刚片,将体系本身和地基一起用两刚片规则进行分析。如图 7 - 2(b)所示,分别将 AB 和基础别视为刚片,两个刚片用铰 A 和不通过铰 A 的链杆 1 相连,满足两刚片规则,几何不变。我们将杆 AB 和基础看成一个扩大的刚片,记作刚片 I,将 BC 看成刚片 II,两个刚片用铰 B 和不通过铰 B 的链杆 2 相连,满足两刚片规则,几何不变。这时杆 BC 和杆 AB、基础称为一个更大的刚片。再将 CD 看成刚片 III,它与这个更大的刚片用铰 C 和不通过铰 C 的链杆 3 相连,满足两刚片规则,几何不变。由此可知,体系为无多余约束的几何不变体系。

在图 7 - 2(b)中可以先拆除二元体(CD、3)、(BC、2)剩下杆 AB 和基础,分别将 AB 和基础别视为刚片,两个刚片用铰 A 和不通过铰 A 的链杆 1 相连,满足两刚片规则,几何不变。说明原体系为无多余约束的几何不变体系。

解题指导

无多余约束的几何不变体系的简单规则是进行平面杆件体系几何组成分析的理论依据,在对较复杂的平面杆件体系进行几何组成分析时,应该灵活运用这三个基本规则。

(1) 如果给定的体系可以看作是两个或三个刚片时,可直接按照两刚片规则或三刚片规则来判断。

(2) 体系与基础相连的链杆多于 3 根时,一般要将基础视为一个刚片,对整个体系进行几何组成分析。

（3）在体系中有几何不变部分的，可先将该部分视为刚片，从而将复杂体系简化。

（4）当体系中有二元体时，可在按顺序拆去二元体后再分析剩余部分的几何特征，去掉或增加二元体不改变原体系的几何性质。

【例 7 - 3】　试对图 7 - 3 所示体系进行几何组成分析。

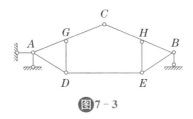

图7 - 3

解：左边三个刚片 AC、AD 和 DG 由不共线的三个铰 A、D、G 两两相连，组成无多余约束的大刚片，称为刚片Ⅰ；同理，右边三个刚片 BC、BE 和 EH 组成大刚片Ⅱ；大刚片Ⅰ和Ⅱ之间由铰 C 和不过此铰的链杆 DE 相连，组成无多余约束的更大的刚片。最后，用不共点的三根链杆与基础相连。因此，整个体系为无多余约束的几何不变体系。

解题指导

如果体系与基础的连接刚刚好符合两刚片规则，那么可以把基础去掉，仅仅分析与基础相连的体系即可，因为此时基础与体系的连接部分不影响原体系的几何特征。

从内部出发进行装配——先在体系内部选取一个或几个刚片作为基本刚片，将其周围的杆件按照几何不变体系的组成规则装配到基本刚片上，形成一个扩大的基本刚片。同样，由近及远、由小到大、逐个的按照几何不变体系的组成规则将若干杆件装配到这个扩大的基本刚片上。最后，将扩大的刚片再与地基装配起来，从而形成整个体系。

通过上述三个例题的分析告诉我们：对于同一个体系进行几何组成分析的方法是多种多样的，但是最后得出的结论是唯一的。

【例 7 - 4】　试确定图 7 - 4(a)所示多跨静定梁的内力，并绘制其内力图。

解：（1）作层次图

图中悬臂梁 AB 固定在地基上，为基本部分；梁 BD 则须依赖梁 AB 维持其几何不变性，故为附属部分；梁 DF 则须依赖梁 BD 维持其几何不变性，故也为附属部分，则结构的整体构造层次图如图 7 - 4(b)所示。

（2）计算支座反力

由构造层次图 7 - 4(b)可以看出，整个结构由基本部分 AB 和附属部分 BD、DF 三部分组成。计算时按层次图由上而下先附属部分 DF、BD 后基本部分 AB 的顺序，计算结果如图 7 - 4(c)所示。

（3）绘制内力图

支座反力求出以后，分别作出各梁段内力图；再将各梁段的内力图联在一起，即得整个多跨静定梁的剪力图和弯矩图如图 7 - 4(d)、(e)所示。

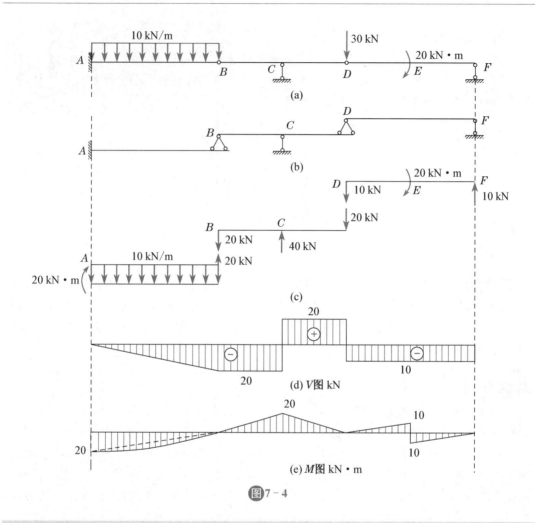

图7-4

　　计算多跨静定梁时,一定要注意:

　　(1)多跨静定梁的计算顺序与其安装施工顺序相反,是先计算附属部分,再计算基本部分,即按层次图自上而下逐层往下计算。

　　(2)多跨静定梁的内力分析是按层次图把多跨静定梁拆分成若干个单跨静定梁,各个解决,将各单跨静定梁的内力图连在一起,就得到了多跨静定梁的内力图。

　　(3)作用在多跨静定梁中间铰链处的荷载,在计算时可以将它放在任一个单跨静定梁上,一般是放在基本部分上。

【例7-5】 试确定图7-5(a)所示刚架的内力,并绘制其内力图。

解:(1)计算支座反力

取整体为研究对象如图7-5(b)所示,列平衡方程得:

$$\sum M_D = 0, -F_A \times 6 - 12 \times 2 + 3 \times 6 \times 3 = 0, F_A = 5 \text{ kN}(\uparrow)$$

$$\sum X = 0, 12 - F_{Dx} = 0, F_{Dx} = 12 \text{ kN}(\leftarrow)$$

$$\sum Y = 0, F_A - 3 \times 6 + F_{Dy} = 0, F_{Dy} = 13 \text{ kN}(\uparrow)$$

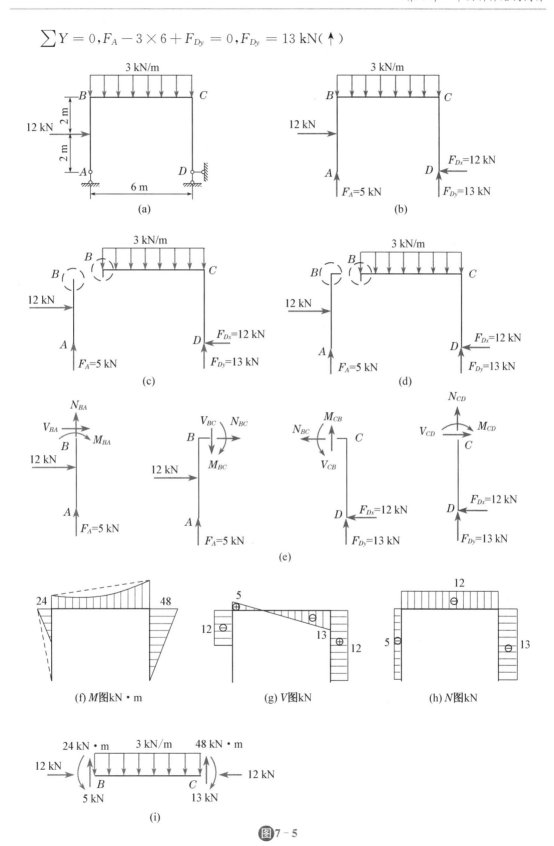

图7-5

（2）求各杆端内力并绘制内力图

计算 AB 杆内力时，取 AB 杆为研究对象，如图 7 - 5(c)所示；

计算 BC 杆 B 截面内力时，取 AB 杆为研究对象，如图 7 - 5(d)所示，具体计算如图 7 - 5(e)所示。

① 各杆端弯矩值如下：

AB 杆：$M_{AB}=0$，$M_{BA}=24$ kN·m（左侧受拉）

BC 杆：$M_{BC}=24$ kN·m（上侧受拉），$M_{CB}=48$ kN·m（上侧受拉）

CD 杆：$M_{CD}=48$ kN·m（右侧受拉），$M_{DC}=0$

各杆端弯矩求得后，绘制弯矩图，如图 7 - 5(f)所示。

② 绘制剪力图

由各杆弯矩图可知，AB 杆弯矩图为折线段，故剪力分为两段，其中从 A 到跨中剪力为 0，从跨中到 B 端剪力图平行于轴线，且 $V_{BA}=-12$ kN；

BC 杆弯矩图为二次抛物线，故剪力图为斜直线，其中 $V_{BC}=5$ kN，$V_{CB}=-13$ kN；

DB 杆弯矩图为斜直线，故剪力图平行于杆轴线即 $V_{CD}=V_{DC}=12$ kN；

依据计算出来的各杆端剪力值绘制出刚架的剪力图如图 7 - 5(g)所示。

③ 绘制轴力图

各杆均无轴向分布荷载，各杆轴力为常数，由剪力图分别取结点 B、C 为研究对象可分别计算出各杆轴力：$N_{AB}=-5$ kN，$N_{BC}=-12$ kN，$N_{CD}=-13$ kN；

依据计算出来的各杆端轴力值绘制出刚架的轴力图如图 7 - 5(h)所示。

（3）校核

取 BC 杆为研究对象如图 7 - 5(i)所示：

$$\sum X = 12 - 12 = 0$$

$$\sum Y = 5 - 3 \times 6 + 13 = 0$$

$$\sum M_B = 24 - 3 \times 6 \times 3 - 48 + 13 \times 6 = 0$$

BC 杆满足静力平衡，故内力计算无误。

解题指导

（1）计算平面静定刚架结构的内力时，一定要注意：平面静定刚架内力计算的基本方法仍然是截面法。在计算时只需将刚架中的每根杆件看作是梁，按梁逐杆计算各杆控制截面的内力并绘制出其内力图。

（2）对刚架结构来说弯矩没有作正负号规定，画受力图时可任意假设，计算时必须根据计算结果的正负号及假设的转向判断出杆件的受拉侧，并且必须把弯矩图画在杆件的受拉侧。

（3）刚架中内力的表示符号通常都采用双字母下标，其中第一个下标表示内力所处的截面位置，第二个下标和第一个下标一起来表示内力所属的杆段。

自我检测练习题

一、判断题

练习题答案

1. 几何可变体系也可以作为结构使用。（　　）
2. 瞬变体系是几何可变体系的一种特殊情况。（　　）
3. 图乘法计算结构的位移有一定的适用范围。（　　）
4. 没有荷载,就没有内力。（　　）
5. 计算多跨静定梁的顺序是先基本后附属。（　　）
6. 刚架中弯矩没有正负号规定,弯矩图都必须画在杆件受拉的一侧。（　　）
7. 桁架结构中不会出现零杆。（　　）
8. 拱结构中可以没有水平推力。（　　）
9. 有多余约束的体系一定是几何不变体系。（　　）

二、填空题

1. 铰接三角形是最基本、最简单、最常见的几何不变体系,称为＿＿＿＿＿＿规律。
2. 凡只需要利用静力平衡条件就能确定结构的全部支座反力和杆件内力的结构称为＿＿＿＿＿＿;若结构的全部支座反力和杆件内力,不能只由静力平衡条件来确定的结构称为＿＿＿＿＿＿。
3. 刚架是由若干个直杆(梁和柱)组成的具有＿＿＿＿＿＿的结构。
4. 当荷载只作用在平面桁架结点上时,各杆只受到＿＿＿＿＿＿。
5. 在竖向荷载作用下,会产生＿＿＿＿＿＿的曲杆结构称为拱。
6. 在满跨竖向均布荷载作用下,三铰拱的合理拱轴线为＿＿＿＿＿＿。
7. 组合结构是由只承受轴力的＿＿＿＿＿＿和承受弯矩、剪力、轴力的＿＿＿＿＿＿组合而成。
8. 计算结构位移的方法有＿＿＿＿＿＿和＿＿＿＿＿＿两种。
9. 使结构产生位移的原因主要有＿＿＿＿＿、＿＿＿＿＿、＿＿＿＿＿和＿＿＿＿＿四种。
10. 计算结构位移的理论基础是＿＿＿＿＿＿。
11. 通常认为多跨静定梁是由＿＿＿＿和＿＿＿＿两部分组成的。
12. 多跨静定梁的计算顺序是先计算＿＿＿＿,再计算＿＿＿＿。
13. 常见的单跨静定平面刚架通常分为＿＿＿＿、＿＿＿＿和＿＿＿＿三种。
14. 所谓零杆就是＿＿＿＿＿＿。
15. 拱结构的轴线为＿＿＿＿＿＿,在竖向荷载作用下会产生＿＿＿＿＿＿。

三、选择题

1. 刚架的弯矩图一律画在杆件的(　　)。
   A. 受压一侧　　B. 受拉一侧　　C. 上边一侧　　D. 左边一侧

2. 如图 7-6 所示桁架中零杆的数目是 　　　　　　　　　　(　　)

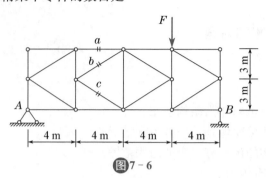

图 7-6

　　A. 3个　　　　　　B. 4个　　　　　　C. 5个　　　　　　D. 6个

3. 在径向均布荷载作用下,三铰拱的合理拱轴线为 　　　　(　　)

　　A. 圆弧线　　　　B. 抛物线　　　　C. 悬链线　　　　D. 正弦曲线

4. 三铰拱的水平推力为 　　　　　　　　　　　　　　　(　　)

　　A. 与拱高无关

　　B. 与拱高成反比且与拱轴线形状有关

　　C. 与拱高成反比且与拱轴线形状无关

　　D. 其他

5. 在无多余约束的几何不变体系上增加二元体后构成 　　(　　)

　　A. 几何可变体系

　　B. 无多余约束的几何不变体系

　　C. 有多余约束的几何不变体系

　　D. 可能是几何可变体系,也可能是几何不变体系

四、简答题

1. 什么是单铰? 什么是复铰?

2. 什么是几何组成分析? 为什么要对结构进行几何组成分析?

3. 静定结构和超静定结构的区别是什么?

4. 多跨静定梁、刚架和桁架有哪些组成特点,分别应用于哪些结构?

五、分析题

1. 试对如图 7-7 所示体系进行几何组成分析。

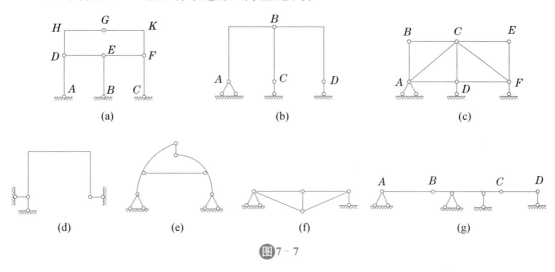

图 7-7

六、计算题

1. 试确定图 7-8 所示多跨静定梁的内力,并绘制其内力图。

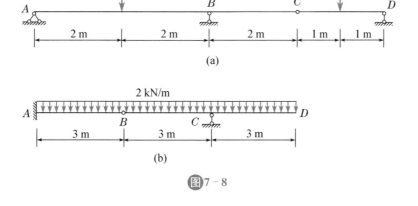

图 7-8

2. 试计算图 7-9 所示刚架,并绘制其弯矩图。

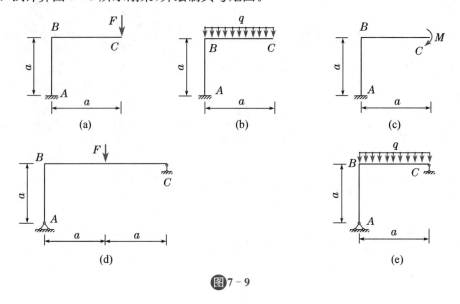

图 7-9

3. 试确定图 7-10 所示刚架的内力,并绘制其内力图。

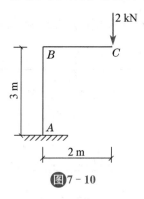

图 7-10

(注:扫描目录二维码获取全书习题答案。)

第二部分
模拟试卷

客观题在线测试

模拟试卷(一)

扫码对答案

一、填空题(每空 1 分,共 20 分)

1. 工程中的单跨静定梁按其支座情况可分为三类,分别是_____、_____、_____。

2. 力的三要素分别是_____、_____、_____。

3. 根据强度条件可解决构件强度计算的三类问题,分别是_____、_____、_____。

4. 构件保持原有直线平衡状态的能力称为_____。

5. 作用在同一刚体上的两个力使刚体处于平衡的充要条件是_____、_____。

6. 提高梁的弯曲强度主要从提高_____和降低_____这两方面着手。

7. 平面杆件结构通常分为梁、_____、_____、_____、组合结构等五种类型。

8. 力学研究中通常把应力分为_____和_____两大类。

二、判断题(每小题 2 分,共 20 分)

1. 梁横截面上、下边缘处正应力最大,中性轴上各点正应力为零。 （ ）

2. 在有均布荷载作用的梁段内剪力图为一平直线,弯矩图为一直线。 （ ）

3. 轴向拉压杆横截面上只有一种内力即轴力。 （ ）

4. 弹性模量的单位与应力的单位相同。 （ ）

5. 构件满足强度、刚度、稳定性要求的能力称为构件的承载能力。 （ ）

6. 梁中性轴通过梁横截面的形心,并将梁横截面分为受拉和受压两个区域。 （ ）

7. 在有均布荷载作用的梁段内剪力图为一直线,弯矩图为二次抛物线。 （ ）

8. 轴向拉压杆横截面上只有一种应力即正应力,且均匀分布。 （ ）

9. 截面法是确定杆件内力的基本方法。 （ ）

10. 在集中力偶作用处剪力图无变化,弯矩图也无变化。 （ ）

三、选择题(单选题)(每小题 2 分,共 6 分)

1. 既限制物体任何方向移动,又限制物体转动的约束称为( )。
   A. 固定铰支座　　B. 可动铰支座　　C. 固定端支座　　D. 光滑面接触面约束

2. 一端固定、另一端自由的梁称为( )梁。
   A. 简支　　　　　B. 外伸　　　　　C. 多跨　　　　　D. 悬臂

3. 平面汇交力系平衡的必要和充分条件是该力系的( )。

A. 合力等于零   B. 合力偶矩等于零

C. 主矢等于零   D. 主矢和主矩都等于零

四、画图题（共 20 分）

1. 画出图示球 A 的受力图，假定接触面光滑。（5 分）

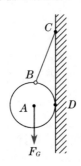

2. 如图所示为一多跨静定梁的结构计算简图，请分别画出 AC 梁、CD 梁及系统整体的受力图。（10 分）

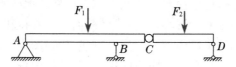

3. 画出梁的弯矩图。(5 分)

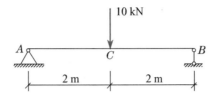

五、简答题(每题 5 分,共 10 分)

1. 简述低碳钢的拉伸过程。

2. 提高梁弯曲正应力强度的措施有哪些?

六、计算题（2 个小题，共 24 分）

1. 计算图示简支梁的内力，并绘制出其剪力图和弯矩图。（14 分）

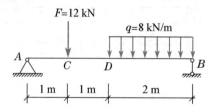

2. 梁的横截面形状、受力情况及弯矩图如下图所示，材料的许用应力 $[\sigma]=50\,\text{MPa}$。试校核梁的正应力强度。（10 分）

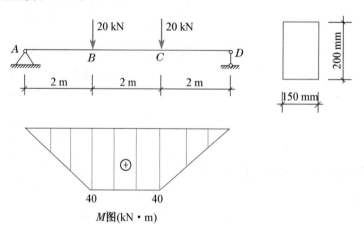

M图(kN·m)

模拟试卷(二)

一、判断题(每题 2 分,共 10 分)

1. 力既可以使物体的运动状态发生变化,也可以使物体发生变形。 （   ）
2. 一个力可以和一个力系等效。 （   ）
3. 二力杆就是只有两点受力的杆件。 （   ）
4. 压杆的柔度愈小,就愈容易失稳。 （   ）
5. 轴向拉压杆的横截面上只有正应力,且均匀分布。 （   ）

二、填空题(每空 1 分,共 10 分)

1. 力偶的三要素分别是:＿＿＿＿＿＿、＿＿＿＿＿＿和＿＿＿＿＿＿。
2. 工程上常见的单跨静定梁一般可分为三类:＿＿＿＿＿＿、＿＿＿＿＿＿、＿＿＿＿＿＿。
3. 杆件的四种基本变形形式分别是:＿＿＿＿＿、剪切、扭转和＿＿＿＿＿。
4. 多跨静定梁的计算顺序是先计算＿＿＿＿＿、再计算＿＿＿＿＿。

三、试画出指定物体的受力图(第 1 题 5 分,第 2 题 10 分,共 15 分)

(1) 试画重力为 G 的小球受力图

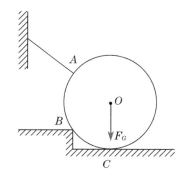

(2) 试画刚架 AC、BC 和整体的受力图

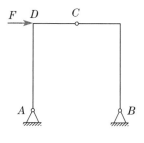

四、试求下列各梁的支座反力(每题 10 分,共 20 分)

(1)

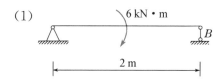

(2)

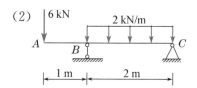

五、简答题(每小题 5 分,共 10 分)

1. 简要回答提高压杆稳定性的措施有哪些。

2. 对平面杆件体系进行几何组成分析的依据是什么?

六、计算题(35 分)

1. 试计算图示轴向拉压杆各段的轴力,并绘制出杆件的轴力图。(8 分)

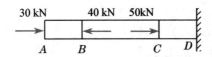

2. 试计算图示单跨静定梁的内力,并绘制出梁的剪力图和弯矩图。(12分)

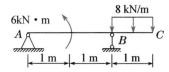

3. 图示简支梁采用 32a 工字钢制成,其抗弯截面系数 $W_z = 692 \ cm^3$,梁的自重不计,型钢的许用应力 $[\sigma] = 160 \ MPa$,试校核该梁的正应力强度。(15分)

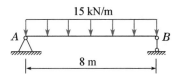

真卷练习

××学院　××学期
期末考试试卷　A(闭)卷　(120分钟)

科目:建筑力学　　　　　　　　适用班级:××级高职各班

命题人:_____　　　　　　审核人:_____

题号	一	二	三	四	五	六	七	总分
得分								
批卷人								

一、填空题(每小题2分,共22分)

1. EA 称为_____。

2. 力学中计算杆件内力的基本方法是_____。

3. 单跨静定梁按其支承情况通常分为_____、_____、_____三种。

4. 低碳钢的拉伸过程通常分为_____、_____、_____和_____。

5. 多跨静定梁的计算顺序是先计算_____,再计算_____。

6. "力的平移定理"的内容是:作用在刚体上的力可以平移到刚体上任意一点,但是必须同时_____,且_____等于_____。

7. 对实际结构进行简化时,必须遵循两个原则,分别是:

(1) _____;

(2) _____。

8. 平面一般力系的简化及合成情况与平面平行力系的简化及合成情况一样,即平面一般力系的简化结果是_____和_____。

9. 杆件变形的基本形式有四种,分别是 _____、_____、_____和_____。

10. 力对物体的作用效应取决于力的三要素,力的三要素分别是_____、_____、_____。

11. 压杆稳定性计算中的折减系数 φ 是一个随_____而变化的量,φ值介于_____之间。

二、判断题（每个 2 分，共 10 分）

1. 桁架结构中的零杆可以去掉。　　　　　　　　　　　　　　　　　（　　）
2. 平面弯曲梁横截面上的内力只有弯矩。　　　　　　　　　　　　　（　　）
3. 力偶既可以使物体移动也可以使物体转动。　　　　　　　　　　　（　　）
4. 主矢与简化中心的位置有关。　　　　　　　　　　　　　　　　　（　　）
5. 柔度 λ 越大，表示压杆越细长，临界应力 σ_{cr} 就越小，临界力也越小，压杆稳定性越差，压杆越容易发生失稳破坏。　　　　　　　　　　　　　　　　　　　（　　）

三、简答题（每题 5 分，共 20 分）

1. 提高压杆稳定性的措施有哪些？

2. 简述作用与反作用公理。

3. 提高梁弯曲强度的措施有哪些？

4. 几何组成分析的规则有哪些？

四、绘图题（3 个小题，共 10 分）

1. 在图 1 所示物体上的两个端点各加一个力，使物体处于平衡。（2 分）
2. 请画出图 2 所示悬臂刚架的弯矩图。（4 分）
3. 画出图 3 所示刚架的受力图。（4 分）

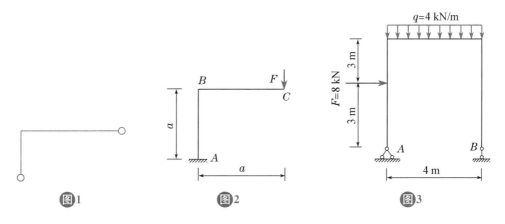

图1　　　　　　　　　　　图2　　　　　　　　　　　图3

五、名词解释题（每个 3 分，共 9 分）

1. 力偶：
2. 平衡：
3. 几何不变体系：

六、选择题（每个 3 分，共 9 分）

1. 如右图所示的体系属于（   ）。

   A. 无多余约束的几何不变体系

   B. 瞬变体系

   C. 有多余约束的几何不变体系

   D. 常变体系

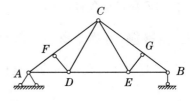

2. 在梁上有集中力作用的截面处，其内力图变化规律是（   ）。

   A. V 图有突变，M 图光滑连续

   B. V 图有突变，M 图有转折

   C. M 图有突变，V 图光滑连续

   D. M 图有突变，V 图有转折

3. 经过抛光的低碳钢试件，在拉伸过程中表面会出现滑移线的阶段是（   ）。

   A. 弹性阶段　　　B. 屈服阶段　　　C. 强化阶段　　　D. 颈缩断裂阶段

七、计算题（3 个小题共 20 分）

1. 悬臂梁如下图所示，已知 $q=15$ kN/m，$F=30$ kN。图中 $1-1$ 截面在 A 支座的右侧、无限接近于 A 支座。请用截面法计算出 $1-1$ 截面的剪力和弯矩。（4 分）

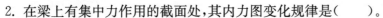
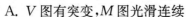
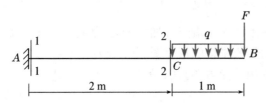

2. 计算如下图所示简支梁的支座反力。（8 分）

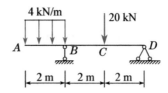

3. 圆形截面简支木梁如下图所示,已知截面直径 $d = 160$ mm,材料许用应力 $[\sigma] = 10$ MPa,试校核梁的正应力强度。（8 分）

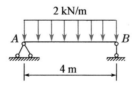

参考文献

[1] 金舜卿,赵浩.建筑力学[M].武汉:武汉理工大学出版社,2011.

[2] 吴国平.建筑力学[M].北京:中央广播电视大学出版社,2006.

[3] 金舜卿,唐晓晗.建筑力学学习指导[M].西安:西北工业大学出版社,2015.

[4] 王仁田,李怡.土木工程力学基础[M].北京:高等教育出版社,2010.

[5] 吴明军,建筑力学学习指导[M].武汉:武汉工业大学出版社,2000.

[6] 马景善,金恩平.土木工程实用力学[M].北京:北京大学出版社,2010.

[7] 韩萱,王怀珍.土木工程力学基础[M].北京:高等教育出版社,2010.

[8] 孔七一,邓林.土木工程力学基础学习指导[M].北京:人民交通出版社,2010.

[9] 王长连,建筑力学辅导[M].北京:清华大学出版社,2009.

[10] 李舒瑶.力学练习册[M].成都:西南交通大学出版社,1995.

[11] 韩立夫,金舜卿.建筑力学[M].长春:吉林大学出版社.2016.

[12] 于英.建筑力学[M].2版.北京:中国建筑工业出版社,2007.